バイオテクノロジーによって創出された新しい植物の園芸品種 (写真はサントリー(株)提供)

口絵1 遺伝子工学的手法によって作出された青いカーネーション（品種名：ムーンダスト。左側のライラックブルーや右側のディープブルーなど花色の変化したものが得られている）

宿主（トレニア）　　　組換えトレニア

口絵2 遺伝子工学的手法によって青色の宿主から作出された白色や桃色のトレニア

口絵3 遺伝子組換えによって得られたトレニア（同じ操作を行っても花色の異なる個体が得られるのがわかる）

口絵4 遺伝子組換えによって得られたペチュニア（上段3種。異なる色だけでなく，覆輪や斑入りなど模様の変化したものが得られている）

口絵5 組換えによって得られた青いバラ（右）と宿主の赤いバラ（左）

バイオテクノロジー教科書シリーズ 17

天然物化学

東京大学名誉教授　農学博士
瀬 戸 治 男 著

コロナ社

バイオテクノロジー教科書シリーズ編集委員会

委員長　太　田　隆　久　(東京大学名誉教授　理学博士)

委　員　相　澤　益　男　(東京工業大学長　工学博士)

　　　　田　中　渥　夫　(京都大学名誉教授　工学博士)
　　　　　　　　　　　　中 部 大 学 教 授

　　　　別　府　輝　彦　(東京大学名誉教授　農学博士)
　　　　　　　　　　　　日 本 大 学 教 授

(五十音順，所属は初版第1刷発行当時)

刊行のことば

　バイオテクノロジーは，健康，食料あるいは環境など人類の生存と福祉にとって重要な問題にかかわる科学技術である。

　古来，人類は自身の営みの理解と共に周辺の生物の営みから多くのことを学び，またその恩恵を受けてきた。わが国においても多くの作物，家畜を育て，また，かびや細菌などの微生物をうまく使いこなし，酒，味噌，醬油などを作り出してきた。このような生物の利用は，自然界で起こる現象を基にしてさまざまな技術として生み出されたもので，古典的なバイオテクノロジーといえる。

　しかし，近年になり，生物の構造と機能とに関する理解が進むと，それを基にして生物をさらに高度に利用することが可能となり，遺伝子，細胞，酵素などを容易に取り扱い，各種の技術を通じて生物や生物生産物を産業に役立てる科学技術が生まれ，バイオテクノロジーと呼ばれるようになった。これは先端産業技術の一つであり，化学工業，農林水産業，医薬品工業など多くの産業分野の基盤となっているため，この分野の人材養成が急務とされている。そのため，大学や専門学校などで学部，学科の改組や，新しい学科の創設も行われている。

　従来，生物関連技術に関する教育は農学部などで，工学的な教育は工学部などで行われてきたが，バイオテクノロジーは生物学と工学の境界領域の科学技術であり，今後のこの領域の発展のためには，生物現象に対する深い洞察と優れた工学的手法の双方をもつ研究者や技術者が必要である。したがって教育においても両分野にわたって融合した形で行われることが望ましい。

本シリーズは上記の観点に立ち，バイオテクノロジーに関係する学部や学科，および関連する諸分野の学生の勉学に役立つように，バイオテクノロジーに必要な基本的項目を選び，生物学と工学とに偏ることなく，その基礎から応用に至るまでを，それぞれの専門家により平易に解説したものである。

各巻を読むことによって，バイオテクノロジーの各分野についての総合的な理解が深められ，多くの読者がバイオテクノロジーの発展のためにつくされることを期待する。

1992年3月

編集委員長　太　田　隆　久

まえがき

　生理活性物質を取り扱う天然物化学は，古くから活発に研究が行われ多くの研究者が携わってきた領域であり，その努力の結果は医薬品，香料などわれわれの生活を豊かにするために大いに役立ってきた。このような成果は，生理活性物質の探索や抽出，精製，構造決定，化学合成など多分野の研究者（主として有機化学者）の尽力によるものである。

　しかしながら最近の分子生物学の手法を天然物化学分野に取り込んだ研究が精力的に行われるようになり，バイオテクノロジーと天然物化学の融合ともいうべき新しい展開が見られるようになった。

　その結果，従来存在しなかった新しい品種（例えば青いバラやカーネーション）の創成が可能となった。また微生物代謝産物においても天然界に存在しなかった新規化合物（非天然型天然化合物）の作成が行われている。近年有用な新規生理活性物質の単離が困難になりつつあり，この問題を解決するための有力な手段であるこのような新技術に関する研究やその応用は，今後ますます活発になると思われる。

　これらの成果は，生理活性物質がどのような経路，反応機構で作成されるかを解明する生合成研究の著しい進歩（特に遺伝子工学的分野）に大きく依存している。本書では，この面での進歩が顕著な微生物および植物の代謝産物に重点をおいて執筆したため（特に4章，5章，8章），読者は従来の天然物化学関係の成書とはやや趣が異なっていると感じられるかもしれない。また筆者自身の研究をかなり引用しながら説明したため，内容的にかなり偏りがあることにご容赦いただきたい。

　本書は筆者の東京農業大学における学部学生への講義をまとめたものであるが，内容的にはやや高度な部分を含んでおり，大学院学生にも十分興味のもてる内容であると考えている。

まえがき

　最後に昆虫ホルモンについて有益なご助言をいただいた東京大学大学院新領域創成科学研究科片岡宏誌教授（本書編集当時），貴重なデータをご供与いただき，種々ご助言をいただいたサントリー株式会社基礎研究所田中良和博士（本書編集当時），メバロチンおよびFK 506についての資料を提供していただいた三共株式会社，アステラス製薬株式会社に深謝する．また本書の出版に当たってお世話になったコロナ社にも感謝する次第である．

2006年2月

瀬　戸　治　男

目　　　次

1　序　　論

1.1　一次代謝産物と二次代謝産物 ……………………………………………… *1*
　1.1.1　一次代謝産物 ………………………………………………………… *1*
　1.1.2　二次代謝産物 ………………………………………………………… *2*
1.2　スクリーニング ……………………………………………………………… *5*
1.3　検定方法（スクリーニング方法） ………………………………………… *5*
引用・参考文献 …………………………………………………………………… *7*

2　生合成研究

2.1　生合成研究法 ………………………………………………………………… *10*
　2.1.1　アイソトープの使用 ………………………………………………… *10*
　2.1.2　前駆体（出発物質）の決定 ………………………………………… *10*
　2.1.3　放射性同位元素の利用 ……………………………………………… *11*
　2.1.4　安定同位元素の利用 ………………………………………………… *11*
　2.1.5　^{13}C-^{13}C カップリングの利用 ……………………………………… *14*
引用・参考文献 …………………………………………………………………… *17*

3　代謝経路の研究

3.1　代謝経路の解明―突然変異株の利用 ……………………………………… *18*
3.2　生合成遺伝子の同定 ………………………………………………………… *21*
引用・参考文献 …………………………………………………………………… *23*

4 ポリケチド

4.1 ポリケチドの生成機構 …………………………………………… 25
4.2 ポリケチドの種類 …………………………………………………… 28
4.3 Ⅱ型ポリケチド生合成酵素 ………………………………………… 31
    4.3.1 Ⅱ型ポリケチド（芳香族ポリケチド）生合成酵素 …………… 31
    4.3.2 Ⅱ型ポリケチド生合成酵素の改変による新規化合物の生産 … 35
4.4 Ⅰ型ポリケチド生合成酵素 ………………………………………… 37
    4.4.1 Ⅰ型ポリケチド（非芳香族ポリケチド）生合成酵素 ………… 37
    4.4.2 Ⅰ型ポリケチド生合成酵素の改変による新規化合物の生産 … 41
4.5 ポリケチド化合物の骨格の特徴 …………………………………… 44
引用・参考文献 …………………………………………………………… 45

5 テルペノイド

5.1 イソプレン則 ………………………………………………………… 47
5.2 C_5 出発物質の生合成 ……………………………………………… 49
5.3 メバロン酸経路 ……………………………………………………… 49
5.4 MEP 経路（非メバロン酸経路） …………………………………… 51
    5.4.1 MEP 経路の発見の経緯 ………………………………………… 51
    5.4.2 MEP 経路の解明 ………………………………………………… 54
5.5 MEP 経路とメバロン酸経路の分布 ………………………………… 56
5.6 MEP 経路の阻害剤の発見 …………………………………………… 57
5.7 テルペノイド生合成反応 …………………………………………… 58
5.8 代表的なテルペン化合物 …………………………………………… 62
引用・参考文献 …………………………………………………………… 64

6 トリテルペンとステロイド

- 6.1 ステロイドとトリテルペンの骨格の生成 …………………………… 66
- 6.2 代表的なステロイド ……………………………………………………… 68
  - 6.2.1 動物に存在するステロール ………………………………………… 68
  - 6.2.2 植物に存在するステロール ………………………………………… 71
- 6.3 カロテノイド ……………………………………………………………… 73
- 引用・参考文献 ………………………………………………………………… 74

7 シキミ酸経路に由来する化合物

- 7.1 シキミ酸経路 ……………………………………………………………… 76
- 7.2 シキミ酸経路以降の反応 ………………………………………………… 76
- 7.3 p-アミノ安息香酸に由来する生理活性物質 …………………………… 79
- 7.4 フェニルアラニンに由来する生理活性物質 …………………………… 80
- 7.5 p-ヒドロキシ安息香酸からのユビキノンの生合成 …………………… 81
- 7.6 シキミ酸類似経路（メタ C_7N 経路）…………………………………… 82
- 7.7 リグナンとネオリグナン ………………………………………………… 83
- 引用・参考文献 ………………………………………………………………… 86

8 フラボノイド

- 8.1 フラボノイドの生合成 …………………………………………………… 89
- 8.2 フラボノイドと花の色 …………………………………………………… 91
- 8.3 フラボンおよびフラボノール …………………………………………… 94
- 8.4 カルコン，オーロンの分布 ……………………………………………… 95
- 8.5 イソフラボン ……………………………………………………………… 96

引用・参考文献 ………………………………………………… 98

9 植物ホルモン

9.1 オーキシン ………………………………………………… 101
9.2 エチレン ……………………………………………………… 103
9.3 サイトカイニン …………………………………………… 105
9.4 ジベレリン ………………………………………………… 107
9.5 アブシジン酸 ……………………………………………… 109
9.6 ブラシノステロイド ……………………………………… 111
9.7 ジャスモン酸 ……………………………………………… 114
引用・参考文献 ………………………………………………… 116

10 昆虫ホルモンと昆虫フェロモン

10.1 昆虫ホルモン ……………………………………………… 117
  10.1.1 前胸腺刺激ホルモンとボンビキシン …………… 118
  10.1.2 真の前胸腺刺激ホルモン ………………………… 120
  10.1.3 動物起源の脱皮ホルモン (zooecdysone) ……… 121
  10.1.4 植物起源の脱皮ホルモン (phytoecdysone) …… 123
  10.1.5 幼若ホルモン ……………………………………… 124
10.2 昆虫フェロモン …………………………………………… 126
  10.2.1 性フェロモン ……………………………………… 127
  10.2.2 集合フェロモン …………………………………… 131
  10.2.3 警報フェロモン …………………………………… 133
  10.2.4 道しるべフェロモン ……………………………… 135
引用・参考文献 ………………………………………………… 136

11 生物活性を有する微生物代謝産物

- 11.1 抗生物質 ……………………………………………………… 137
  - 11.1.1 抗生物質の発見 ……………………………………… 138
  - 11.1.2 抗生物質の選択活性 ………………………………… 138
  - 11.1.3 抗生物質の分類 ……………………………………… 140
  - 11.1.4 医療用抗生物質 ……………………………………… 140
- 11.2 抗がん抗生物質 ………………………………………………… 151
- 11.3 農業用抗生物質 ………………………………………………… 154
  - 11.3.1 ヌクレオシド系抗生物質 …………………………… 154
  - 11.3.2 アミノサイクリトール系抗生物質 ………………… 156
  - 11.3.2 除草剤 ………………………………………………… 158
  - 11.3.4 殺虫剤 ………………………………………………… 159
- 11.4 その他の薬理学的活性を有する微生物産物 ………………… 161
  - 11.4.1 酵素阻害剤 …………………………………………… 161
  - 11.4.2 免疫抑制剤 …………………………………………… 164
- 引用・参考文献 …………………………………………………… 166

索 引 ……………………………………………………………… 168

1 序論

　古来から人類は生物の生産する物質―食品，香料，医薬，毒，染料―などを利用してきた。これら生物が生産する物質の分離・精製，構造決定や生合成を行い，また確立された構造に基づいて全合成やより好ましい物性を有する誘導体の調製などを目的として行う研究を，**天然物化学**（natural products chemistry）と呼ぶ。

　現在広く受け入れられている天然物化学とは，"主として"生理活性を有する化合物を取り扱う研究分野であり，そのため生理活性天然物化学とも呼ばれる場合がある。しかし場合によっては，生理活性を示さない化合物を研究対象としている場合もあり，より広くは二次代謝産物（後述）を扱う学問と考えてよい。

　生物の生産する物質は，一次代謝産物と二次代謝産物に分類されるが，これは天然物化学（特に天然物がどのような経路で生産されるか）を学ぶうえで重要な概念である。

1.1　一次代謝産物と二次代謝産物

1.1.1　一次代謝産物

　一次代謝産物とはすべての生物の個体形成や生命の維持や種の維持に必要な化合物であり，アミノ酸，糖，ビタミンなどの低分子化合物と，タンパク質，核酸，脂質，糖質などの高分子化合物に分類される。したがってこれら化合物を生産する一次代謝系は広範囲の生物に共通して見出されるものであり，必須の経路である。ただし一部の生物においては，生物進化の過程でこれらの系が欠損してしまっている場合もあり，ヒトにおける必須アミノ酸のように，外部

から栄養素として摂取しなければならないケースもある。

1.1.2 二次代謝産物

二次代謝産物は，分類学上狭い範囲の生物によって一次代謝産物から生産される化合物であり，個々の属，種または系統に特有の化合物群である。代表的な化合物群として，主として植物，微生物が生産するアルカロイド，ポリケチド，テルペノイド，フラボノイドなどが含まれる。構造的にきわめて多様性に富み，薬，香料，色素，抗生物質など実用上重要な物質が挙げられる。その構造の多様性のゆえに有機化学者の興味を引き，その研究対象になっている。多くの製薬企業や研究機関が探索している生理活性物質はこの範疇に入る。

二次代謝産物は異性を誘引する昆虫のフェロモン，昆虫を訪花させる花の香りなどのようにその生物学的な意義が明らかなものから，なぜその生物が生産しているのか意義の不明なものまで広範囲にわたる。

例えば餅に生える青カビ，赤カビはその生育にとって色素生産は必須ではないし，モルヒネがケシによって生産される意義は不明である。抗生物質は，その生産菌にとって土壌中の周囲の微生物の生育を抑制する結果，生存競争に有利になるように働いていると考えられているが，実際にその生育環境で生産しているかどうか必ずしも証明されているわけではない。

重要なことは，二次代謝産物の生産の意義を<u>人間の立場から論じていること</u>であり，一見してそれを生産している生物にとって意義があるように見える場合でも，誤った結論を出しやすいことに注意する必要がある。図 1.1 に示すチオストレプトンは数 μg/ml で抗菌作用を示す抗生物質として放線菌の生産物として単離されたが，後になり数 ng/ml で tipA プロモーターと呼ばれる遺伝子の発現制御活性を示すことが判明した[1]†。したがってチオストレプトンを単なる抗菌抗生物質として扱って，その生産の意義を論ずるのには問題があるのは明らかである。

抗がん剤のブレオマイシンも細胞毒性を示す濃度の数千分の 1 の濃度で遺伝

---

† 肩付数字は章末の引用・参考文献番号を示す。

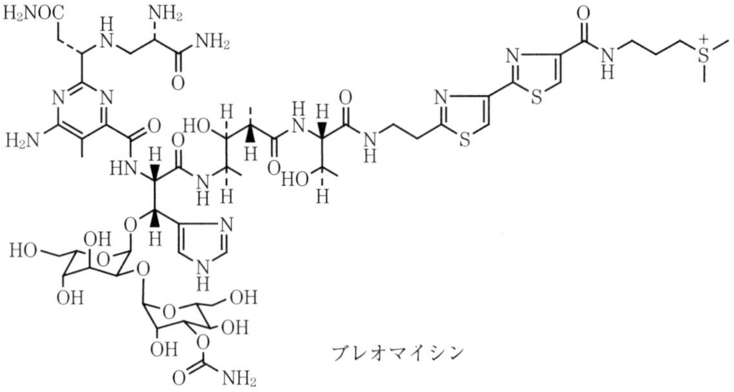

ブレオマイシン

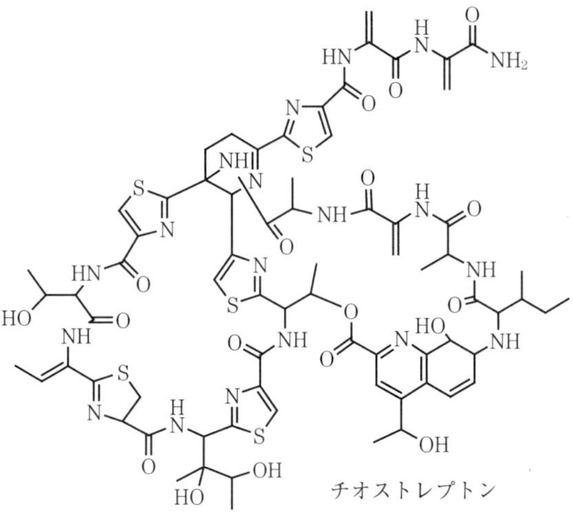

チオストレプトン

図 1.1　ブレオマイシンとチオストレプトンの構造

子発現活性を示す[2)]。したがってこれら化合物の生産微生物が，自分自身の遺伝子発現調節に利用している可能性があると考えることもできる。また生物活性のまったくない化合物も数多く単離されているが，後にその化合物が特定の強い生物活性を示すことが見出されることも珍しくない。

一次代謝産物と二次代謝産物の生産時期を比べてみると，生物の個体が形成される生育初期には一次代謝産物が，次いで二次代謝産物が生産される。その典型的な例として，放線菌による抗生物質生産の培養経過を**図 1.2** に示す。

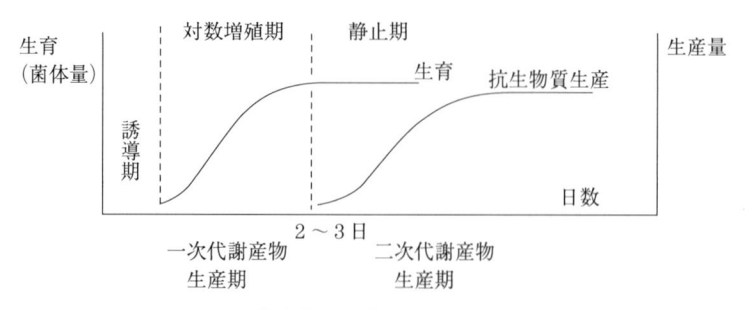

図1.2 微生物の培養経過と抗生物質生産

　培養初期の対数増殖期には菌体量の増加に必要な一次代謝産物が生産され，その生育が定常状態に達する静止期になると，二次代謝産物である抗生物質の生産が開始される。場合によっては抗生物質生産がかなり早い時期から起こることもあるが，つねに一次代謝産物の生産が二次代謝産物の生産に先行する。

　遺伝子の面から見ても，一次代謝産物と二次代謝産物とでは明りょうな区別が認められる場合が多い。二次代謝産物の生産に関する遺伝子は，通常染色体上に並んで配置されている。これを**クラスター**（cluster）と呼ぶ。4章で説明するポリケチド化合物の場合，この現象は顕著に認められる。それに反して一次代謝産物の生産に関する遺伝子は，染色体上に散在していることが多い。これは長年の生物進化の過程で遺伝子の組換えが起こり，その起源が古い一次代謝経路に関する遺伝子については，組換えの機会が多かったためである。一方その起源が新しい二次代謝経路遺伝子については，組換えの機会が少なかったためと考えられる。

　両者の区別について別の見方をすれば，一次代謝産物は生化学の分野で扱う化合物であり，二次代謝産物は天然物化学の分野で扱う化合物ともいえよう。一次代謝系の解明には当然有機化学者が深く関与していたが，その主要代謝経路の解明はほぼ1960年代初めころまでに終了しており，現在天然物化学の研究対象になっているのは，主として二次代謝産物である。本書では主としてこの二次代謝産物を扱う。

1.2 スクリーニング

　天然物化学研究の重要な課題は，どのような研究対象を選ぶかである。この場合，既知の生物現象に関与している化合物の解明を目指して行う研究と，目的とする生理活性を有する未知の活性物質を探索（**スクリーニング**（screening））する研究とに分類される。いずれも新規生理活性を有する化合物の単離につながる重要な研究である。

　前者の例として，祖先たちが，自然の中から選び出した伝承医薬（生薬）の成分を分離していく方法，例えばケシからモルヒネが得られたケースが挙げられる。この場合，ある種の生物活性を有する物質の存在が最初から判明しているわけであり，いかに効率よくかつ迅速に活性本体を単離するかが問題となる。

　後者の例として，疾病の治療に有効な化合物を探索する方法が挙げられる。この場合，どのような疾病（がん，細菌感染症，その他の疾患）を対象とするかは研究者が自由に選択できるが，社会的な要請に応えるものであることが望ましい。天然物化学研究の初期においては，抗生物質研究が最も盛んに行われたが，時代の流れと共にその研究対象は変化し，現在はがんや成人病の治療に有効な化合物の探索が主流となっている。

　その一例として，血中コレステロール濃度の低下を目指したコレステロール生合成阻害剤—メバロチンが挙げられる。本化合物はコレステロールの前駆体であるメバロン酸経路の鍵酵素（HMG–CoA 還元酵素）の阻害剤として発見されたものである。世界的にも広範囲に使用されており，日本が世界に誇れる研究成果である。この化合物については，11 章で説明する。

1.3　検定方法（スクリーニング方法）

　探索のターゲットを設定した場合，どのようにして活性を測定するかによって研究の進行具合が大きく異なる。理想的には，簡便，迅速に結果が得られ，かつ経済的な方法が望ましい。最も広範に利用されている方法は，微生物や酵

素反応を利用する検定系であり，*in vitro* 法（試験管内試験法）と呼ばれる。しかしながら，得られた活性が種々の理由で（例えば血清によって不活性化されるなど）生体内では発現しないことも多い。

これに対して生物そのものを使う方法は *in vivo* 法（生体内試験法）と呼ばれる。手間，時間とも大幅に増大し，経済的にも負担が大きくなるが，生体内での活性の再現性がよいという利点がある。両者の中間的なものとして，器官や組織を使用する方法もある。

いずれの場合においても，スクリーニングは以前は人手に頼っており，あまり効率的な手段とはいえなかったが（年間に試験する試料数は約1万程度），近年ロボット化が著しく進行し，大企業の研究所では試料の調製から活性測定，結果の解析のすべてを無人化することが行われ，短期間で多数の試料（数箇月で数十万程度の検体）のテストが行われるようになっている。この方法は**ハイスループットスクリーニング**（high throughput screening，**HTS**）と呼ばれている。

この方法の効率をさらに高めたものは，**ウルトラハイスループットスクリーニング**（ultra high throughput screening）と呼ばれる。1枚のプレートに1536の検体を入れる穴があり，各穴には数 μl の試料を入れ酵素反応を行う。この方法では，一晩で10万検体以上を処理することが可能である。ただ，これほど検定法が効率化されると，いかにして必要とされる検体数を用意するかが問題となる。天然資源から集めた試料には数に限りがあり，現在は合成的に試験化合物を調製する**コンビナトリアルケミストリー**（**組合せ化学**，combinatorial chemistry，コンビケミと略称される）が採用され，膨大な数の化合物が短期間で調製され，生物活性試験が行われている。

しかし，コンビナトリアルケミストリーで調製される化合物は，その構造が比較的簡単であり，非常にユニークな構造を有する化合物（例えばペニシリンなど）の発見は不可能なため，天然物化学の役割は依然として重要であると考えられる。

引用・参考文献

1) Murakami, T., Holt, T.G. and Thompson, C.J. : Thiostrepton-induced gene expression in *Streptomyces lividans*, J. Bacteriol., **171**, 3, pp.1459-1466 (Mar. 1989)
2) Yuasa, K. and Sugiyama, M. : Bleomycin-induced β-lactamase overexpression in *Escherichia coli* carrying a bleomycin resistance gene from *Streptomyces verticillus* and its application to screen bleomycin analogues, FEMS Microbiol. Lett., **132**, 1, pp.61-66 (Jan. 1995)

2 生合成研究

　天然物が一次代謝産物から生産される反応機構を解明するのが生合成研究である。二次代謝産物はその数が数十万種を超え，テルペン化合物単独でも23 000以上が知られている。このようにおびただしい数の天然化合物が生産されているが，生合成経路に基づいた構造的特徴の考察によって比較的少ない数のグループに分類することが可能である。天然物の構造はきわめて多様性に富むが，生合成に共通する基本的なメカニズムの種類はそれほど多くないともいえる。このメカニズムに関する理解を深めておけば，化合物の構造を覚えることにも役立つし，構造の誤りを見出すことができる。また構造決定に際しても生合成経路に関する知識が役立つ場合が多い。

　図2.1に示すスクアレンは，分枝した炭素5個からなる単位が3個縮合し，さらにそれが2分子縮合した左右対称の構造を有することが容易にわかる。この生合成の機構に由来する構造上の特徴を把握しておけば，構造を記憶するのはきわめて容易であることが理解できるはずである。

スクアレン

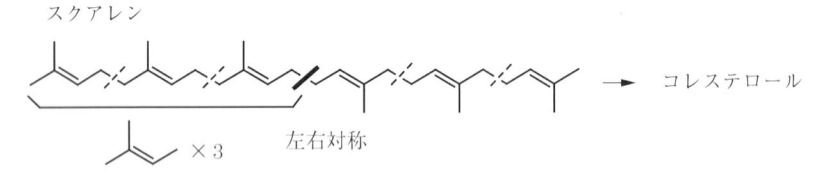

→ コレステロール

×3　左右対称

図2.1　スクアレンの構造とその特徴

　生合成的な考察に基づく構造の妥当性の判断が行えることの例を図2.2に示す。機器分析が非常に進歩した結果，新規化合物の構造決定はほとんどの場合容易に行えるようになり，また誤りも稀にしか見られなくなっている。しかし過去に行われた構造決定では誤りが認められることも珍しくない。このような場合，生合成の知識を活用すれば，その誤りを防げたと考えられる

（a）と（b）のどちらの構造式が正しいのか？

図2.2 ペンタレノラクトンの生合成経路（図中，PPはニリン酸を表す）

例も散見される。例えば放線菌によって生産されるペンタレノラクトンの例を考えてみよう。最初に発表された構造式（a）は，この化合物がテルペンに属することを示唆していたが，その推定生合成経路を考えてみると，提唱された構造式よりも別の構造式（b）のほうが妥当だと考えられた。この場合，まず分枝した炭素数5個からなる出発単位が3個縮合し（ここまでは上述したスクアレンの場合と同じ経路である），以後閉環反応，酸素官能基の導入を経て生合成されると考えれば，炭素骨格の組換えのない（b）に至る経路のほうがより合理的と考えられるからである。のちになり，ペンタレノラクトンの構造として（b）が正しいことが化学的手段によって証明された。なお，図2.2は説明のためにかなり簡略化してある。

別の化合物の例を考えてみよう。カビの代謝産物であるフラビオリンの構造として二つの可能性が考えられる。両者は四角の枠で囲った水酸基の位置だけが異なる。この場合，現在の進歩した機器分析手段をもってしても，どちらの構造が妥当であるか結論を出すのはかなり困難である。しかしその生合成経路を考慮すれば，**図2.3**に示す（a）のほうがより妥当であると判断

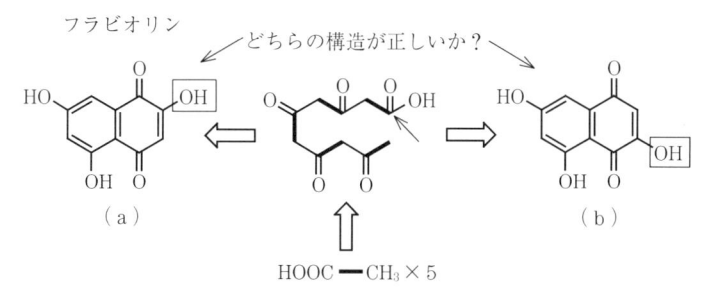

図2.3 フラビオリンの構造と生合成経路

することが可能である。フラビオリンは生合成的には，5個の酢酸の縮合によって形成されるポリケチドであることが容易に推測されるが，（b）の場合，生合成中間体の矢印を付けた炭素からの酸素官能基の除去とそれに隣接する炭素への酸素の導入が必要である。一方，（a）の場合，このような反応は必要ではなく，中間体に存在する酸素官能基がそのまま残ればよいことになる。

2.1 生合成研究法

2.1.1 アイソトープの使用

生合成研究の第1歩は，目的化合物を構成する前駆物質（一次代謝産物）の種類を決定することである。膨大なデータが蓄積している現在では，その構造からどのような出発物質が関与し，どのような経路で生合成されるのかの予測がほぼ正確にできるようになっている。しかし，特異な新規構造をもつ化合物の場合や，複数の生合成機構が考えられる場合などには実験的な証明が必要となる。

2.1.2 前駆体（出発物質）の決定

前駆体の種類の決定には標識実験が行われるが，放射性同位元素と安定同位元素を利用する2種類の方法が現在採用されている。両者には**表2.1**にまとめたような特徴がある。なお，標識用の元素としては，ほとんどの場合炭素原子が用いられるが，場合によっては水素原子（^2H，^3H），窒素原子（^{15}N），酸素原子（^{17}O，^{18}O）なども利用される[1, 2]。

表2.1 安定同位元素と放射性同位元素を利用する生合成研究法の比較

	安定同位元素 （^{13}C, ^2H）	放射性同位元素 （^{14}C, ^3H）
感　　度	低い	きわめて高い
特 異 性	きわめて高い	なし
化学分解	不要	必須
安 全 性	安全	危険，取扱い注意

2.1.3 放射性同位元素の利用

この方法では，放射性同位元素（^{14}C，^3H が主）が利用される。目的化合物に取り込まれた放射活性を，液体シンチレーションカウンターで測定する。測定感度は優れているが，特異性がないので，化学分解実験によって，個々の炭素，水素を別々に取り出すという煩雑かつ時間のかかる操作が要求される。この欠点のため，現在二次代謝産物の生合成研究にはほとんど利用されていない。また放射能を有するため取扱いに注意を要するという欠点もある。

一例として，放射性同位元素を用いる生合成研究が開始された初期の研究である，6-メチルサリチル酸の研究例を説明する（図 2.4）。放射性同位元素を使った実験により，本物質が 4 モルの酢酸の縮合によって生合成されることが証明されたが，化学分解という手間のかかる実験が必要であった。またこの分解実験では，全部の炭素を個別に取り出すことに成功しておらず，わずかに C-6，C-7 およびカルボン酸の炭素が単独に分離されたに過ぎない。炭素数わずか 8 個からなる化合物の研究でさえこのような限界があることから，より複雑な化合物の研究には非常に多くの手間と時間がかかることが容易に理解できる。

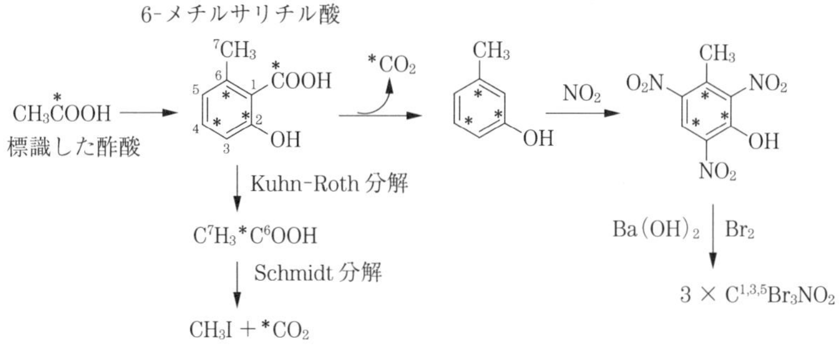

図 2.4 放射性同位元素（^{14}C）を用いた 6-メチルサリチル酸の生合成研究で行われた分解実験（図中，^{14}C を * で示す）

2.1.4 安定同位元素の利用

天然有機化合物を構成する炭素の 1.1 % は ^{13}C 核である。この核は ^{13}C-NMR による観測が可能であり，スペクトル上に現れるシグナルの位置（化学シフ

ト）は，各炭素の化学的な環境に依存している[3)~5)]。別のいい方をすれば，"^{13}C-NMR という眼鏡をかければ，化合物中の各炭素を直接目で見ることができる"のである。そのため^{13}C 核の存在割合を高めた標識化合物（^{13}C の割合を 95％以上に高めたものが通常使用されている）を前駆体として用い，標識した代謝産物の^{13}C-NMR を測定すれば，この標識化合物が目的化合物に取り込まれたかどうかは，シグナル強度の変化によって容易に知ることができる。

^{13}C-NMR では，シグナルの分離がよいため，非常に複雑な化合物でも個々の炭素は別々のシグナルとして観測される。そのため分解操作は一切不要であり，また放射性でないため安全である。したがって現在では生合成研究には，この方法が主として用いられる。最も簡単な化合物である酢酸の例を図 2.5 に示す。酢酸分子を構成するメチル炭素とカルボン酸炭素は，別々のシグナルとして観察される。非標識化合物の場合，その強度が等しくなるが（厳密にいえば，測定条件によってシグナルの相対強度はかなり変化するので，通常この条件は成立しない），カルボキシル基を標識した酢酸分子では標識割合に比例してその強度が増大する。

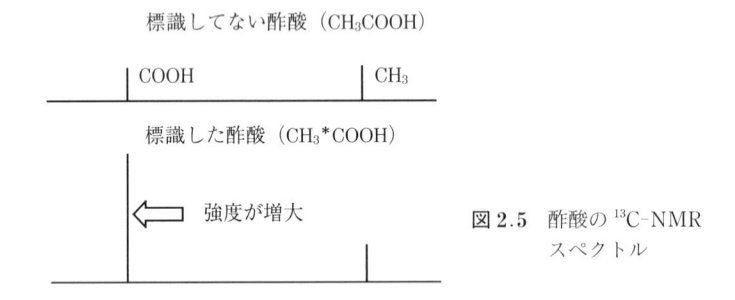

図 2.5 酢酸の ^{13}C-NMR スペクトル

このカルボキシル基を ^{13}C で標識した酢酸（[1-^{13}C] 酢酸）を，培養液に添加して生合成させた 6-メチルサリチル酸の ^{13}C-NMR スペクトルを，模式的に表すと図 2.6 のようになる。この化合物を構成する炭素は，8 本の異なるシグナルとして観測される。その位置は各炭素に結合している官能基の種類によって決まり，例えばアルキル基は高磁場領域（スペクトルの右側）に，カルボキシル基は最も低磁場領域に観測される。このシグナルと各炭素との関連づけ

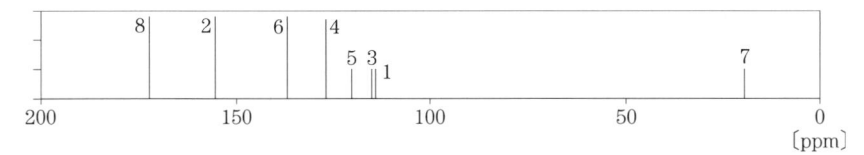

図 2.6 [1-^{13}C] 酢酸で標識した 6-メチルサリチル酸の ^{13}C-NMR スペクトル

（シグナルの帰属という）は，これまでに蓄積しているデータと NMR の種々の測定技術を駆使すれば，きわめて容易に行うことが可能である[3]〜[5]。ここで各炭素のシグナル強度を比較すると，2，4，6，8 位の炭素シグナルは強度が増大しており，^{13}C が取り込まれていると結論できる。測定に要する時間は，サンプル量，標識の程度，測定装置の性能などに依存するが，通常数時間程度である。このように各炭素強度の変化を直接目で見ることが可能なため，化学分解を行う必要はまったくない。

より大きな分子量を有する化合物について考えてみる。ニワトリのコクシジウム病に有効な抗生物質サリノマイシン（11.3.4 項〔3〕参照）は炭素 41 からなる化合物であり，類似した環境にある炭素が多数存在するため，化学分解により個々の炭素を別々に取り出すのは不可能である。しかし ^{13}C-NMR ではすべての炭素が別々のシグナルとして観察されるため，生合成実験によりサリノマイシンは，図 2.7 に示すように 6 モルの酢酸，6 モルのプロピオン酸，3 モルの酪酸からなることが証明された。

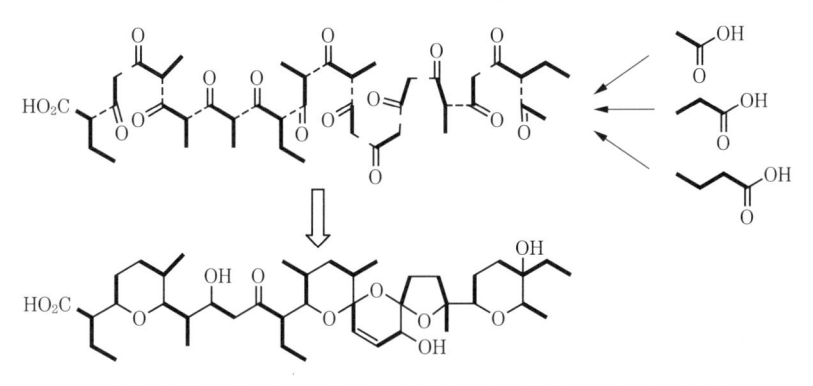

図 2.7 酢酸，プロピオン酸，酪酸の縮合によるサリノマイシンの生成

近年のNMRのハード面およびソフト面での著しい進歩—超伝導磁石の採用による高磁場NMR測定装置（水素核の共鳴周波数で500 MHzから800 MHz）の普及，2次元NMRの出現—によって，サリノマイシンのように多数の炭素からなる複雑な構造を有する化合物についても，シグナルの帰属を簡単に行うことが可能になっている。

2.1.5 ^{13}C-^{13}C カップリングの利用

^{13}C-NMRを用いる生合成研究法には，さらに大きな利点（**^{13}C-^{13}C カップリング**（^{13}C-^{13}C coupling）），が存在する。同一分子中の隣接する二つの炭素原子が同時に^{13}Cで標識されている場合（-$^{13}C_A$-$^{13}C_B$-C_C-$^{13}C_D$-$^{13}C_E$-）を考えてみる。この際C_AとC_B，およびC_DとC_Eに由来するシグナルは，^{13}C-^{13}C カップリングという現象のためにそれぞれ2本に分裂して現れる[1), 2)]（図2.8）。この分裂幅は周囲の化学的環境に依存し，隣接する炭素どうし（C_AとC_BおよびC_DとC_E）はそれぞれ同じ幅で分裂する。そのため，同一分子中でC_AとC_BおよびC_DとC_Eが隣接していることが判明する。

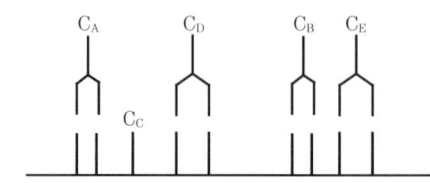

図2.8　^{13}C-^{13}C カップリングによるシグナルの分裂

ここで酢酸$^{13}CH_3$-$^{13}CO_2H$（[1,2-$^{13}C_2$] 酢酸）が縮合して，長い炭素鎖が形成される場合を考えてみよう（図2.9）。この炭素鎖の生成機構として，二つの様式の可能性がある。すなわち，酢酸が左から右方向へ縮合した場合，（1）のようになる。一方，逆方向に伸長が起こった場合，（2）のようになる。もし（2）の左端で脱炭酸，右端でメチル基の除去が起こっていれば，生成する化合物は（1）の場合と同一になる。ここで重要なのは，[2-^{13}C] 酢酸を用いて標識実験を行うと，得られる標識パターンは，図示するように（1）と（2）の経路の両方とも同じになり，両者の区別がつかなくなることである

2.1 生合成研究法

(1) 炭素鎖は左から右へ伸長する
*CH₃—C—*CH₂—C—*CH₂—C—*CH₂—COH
        ‖   ‖   ‖   ‖
        O   O   O   O
                      ⇧
              4 × *CH₃—COH
                        ‖
                        O

*CH₃CO₂H が縮合して長い炭素鎖が生成する

*CH₃—C—*CH₂—C—*CH₂—C—*CH₂—COH
      ‖   ‖   ‖   ‖
      O   O   O   O

*の位置は（1）と（2）で同じであり，区別がつかない。
しかし━の位置は違う。

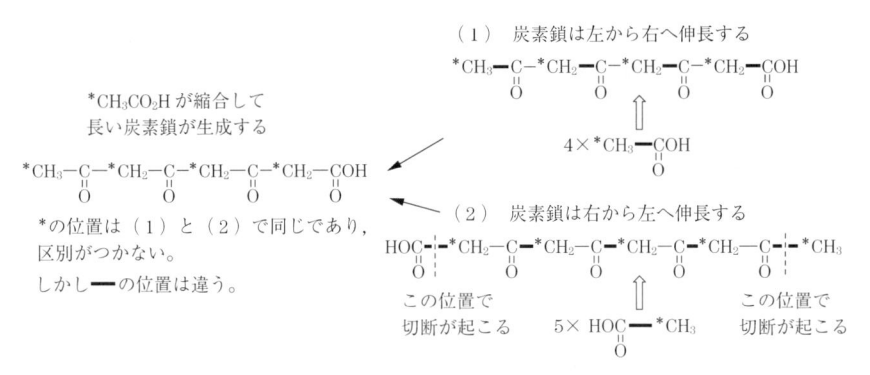

(2) 炭素鎖は右から左へ伸長する
HOC┊*CH₂—C—*CH₂—C—*CH₂—C┊*CH₃
    ‖   ‖   ‖   ‖
    O   O   O   O

この位置で切断が起こる　　5 × HOC━*CH₃　　この位置で切断が起こる
                                    ‖
                                    O

図 2.9　¹³C-¹³C スピン結合を利用した酢酸の縮合様式の区別

（*の位置は（1）と（2）で同じであることに注意）。それに対して，[1,2-¹³C₂] 酢酸の場合，スピン結合の見られる位置（図中太線で示す）は異なることになる。すなわち，（1）の場合，左端のメチル炭素とそれに隣接する炭素の間でスピン結合が観察されるが，（2）の場合では，左端のメチル炭素は分裂せず，シグナル強度が増大するだけとなる。この現象を利用すれば，両経路は明確に区別される。

本方法の威力を示す実験例を以下に説明する。シタロン（**図 2.10**）はメラニン色素の前駆体でありカビによって生産される。[1,2-¹³C₂] 酢酸を用いた生合成実験で，図示する太線で示す炭素間に ¹³C-¹³C カップリングが観測された。このことは 2 種類の異なる様式で標識された分子である（A）と（B）が存在することを意味している。この現象は，シタロンの生合成には左右対称の中間体が存在するという反応機構を想定することによってのみ説明可能である。すなわち分子（A）は中間体（a）から，分子（B）は中間体（b）から

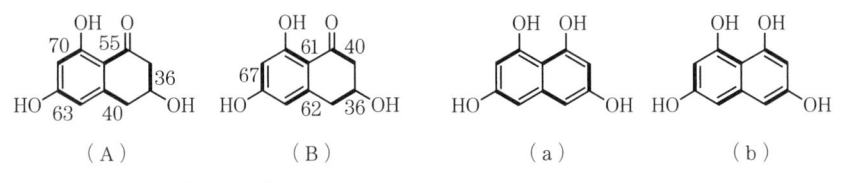

（A）　70, 55, 63, 40, 36　　（B）　61, 40, 67, 62, 36　　（a）　　（b）

図 2.10　[1,2-¹³C₂] 酢酸で標識したシタロンで観測された分裂パターン
（数字はスピン結合定数を示す（単位は Hz））

右側の環の還元によって生成するが，(a)と(b)は同一化合物であり，表裏をひっくり返して表示しただけに過ぎない。当然のことながら，[1-^{13}C]酢酸や[2-^{13}C]酢酸のような単一標識の前駆体を使用した実験では，このような情報を得ることは不可能である。

さらに別の例を説明する。カビの代謝産物で黄色い色素であるモリシンの生合成経路として，**図2.11**に示す(a)と(b)の経路が最も妥当なものと考えられていた。両経路とも，酢酸の縮合によって生合成される2本の炭素鎖の結合と，それに続く点線部分でのC-C結合の切断によってモリシン分子が生成されると仮定している。しかしながら，これを証明する方法が無く，未解決の問題として残されていた。両経路を比較してみると，太線の位置が異なり，この問題は[1,2-^{13}C$_2$]酢酸を使用することによって解決可能であることがわかる。得られた標識パターンは枠内に示すようなものであり，太線の位置が従来提唱されていた経路(a)および(b)に一致せず，両経路とも誤りであ

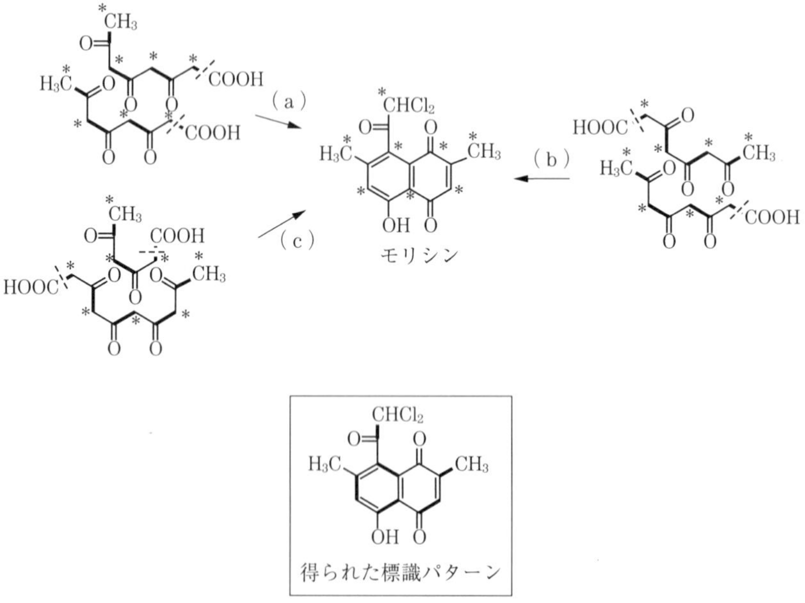

図2.11 モリシンの生合成経路

り,(c)の経路が正しいものと結論された[2]。

これらの例で説明したように,^{13}C-^{13}C カップリングの観測によって得られる情報(C-C 結合の保持,切断,転位反応の有無)は生合成研究上きわめて重要であり,他のいかなる方法によっても得ることはできない。この長所のために,本方法は詳細な生合成研究上必須の手段となっており,広範に使用されている。

引用・参考文献

1) 麻生芳郎,池川信夫,宮崎 浩 編:安定同位体のライフサイエンスへの応用,pp.165-197,講談社サイエンティフィク (1981)
2) 瀬戸治男:^{13}C NMR による生合成および構造研究―^{13}C-^{13}C スピン結合の利用―,現代化学,8,pp.10-20 (1979-8)
3) 竹内敬人:初歩から学ぶ NMR の基礎と応用,朝倉書店 (2005)
4) 安藤喬志,宗宮 創:これならわかる NMR,化学同人 (1997)
5) Abraham, R. J.(竹内敬人 訳):^{1}H および ^{13}C NMR 概説,化学同人 (1993)

3 代謝経路の研究

標識実験でわかるのは，目的化合物の出発物質だけであり，中間体の構造，それを生成するための化学反応，関係する酵素など詳細な反応機構を解明するためには，別のアプローチが必要である．微生物を例にとって説明する．

3.1 代謝経路の解明 — 突然変異株の利用

最初に解明すべきは，生合成中間体の構造であるが，通常中間体は培養液中には蓄積しない．したがって，生合成経路の中間段階はブラックボックスになっている場合がほとんどである．中間体を解明するためには，化学的あるいは遺伝的な手法を用い，生合成反応の進行をある段階で阻止する必要がある．

化学的手段は，予想される生合成中間体の構造類縁体（アナログ）や予想される反応に関する酵素の阻害剤を培養液に添加し，反応を停止させるものであるが，中間体の構造が予想できない場合が多く，また使用できるアナログは限られているため，生合成研究の初期の段階においては，あまり有効な手段ではない．

これに代わって現在広範に利用されているのが，遺伝的欠陥のある生物—**突然変異株**（mutant）の利用である．1章で説明したように二次代謝産物は生命維持に必須ではないため，この生合成経路に欠陥のある生物は正常な生物（**野生株**と呼ぶ）と同様に生育することが可能である．

3.1 代謝経路の解明—突然変異株の利用

突然変異株は化学物質（**ニトロソグアニジン**（N-methyl-N'-nitro-N-nitrosoguanidine, **NTG**），図3.1）や物理的手段（X線や紫外線照射）を用いて野生株を処理し，DNAに損傷（変異）を起こさせることにより調製する。これら変異誘起処理による損傷はランダムに起こるため，ほとんどの場合一次代謝経路に異常を起こし，生産菌にとっては致死的となる。しかし稀に目的とした代謝系のみに変異を起こし，生育可能ではあるが，目的化合物を生産できない株（突然変異株）が得られる。その確率は1/5 000ないし1/10 000といわれており，かなり多数の菌株を処理しなければ目的が達成できない。したがって，変異株の調製にあたっては，その変異を効率よく検出する方法の採用が必要である。最終産物が色素化合物である場合，寒天プレート上で色素を生産できない突然変異株のコロニーは識別が容易であり，また目的物質が抗菌性を示す場合，抗菌性物質の生産の有無は，抗菌プレートを利用することにより容易に判別可能である。

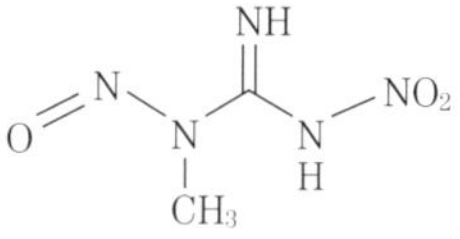

図3.1 化学的な変異剤，ニトロソグアニジン（強力なメチル化剤であり，経口投与で胃がんを起こす）

いまこの変異処理によって，図3.2に示すように二次代謝産物Eの生産ができなくなった突然変異株M1，M2が得られ，その変異点がそれぞれDからE，CからDへの変換段階であると仮定する。もちろんこの時点では，ど

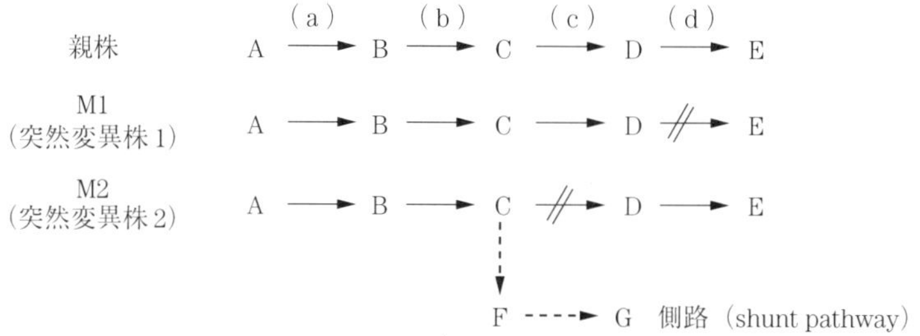

```
              (a)    (b)    (c)    (d)
親株          A  →   B  →   C  →   D  →   E

M1
(突然変異株1) A  →   B  →   C  →   D ⫽   E

M2
(突然変異株2) A  →   B  →   C ⫽   D  →   E
                           ↓
                           F ---→ G  側路 (shunt pathway)
```

B，C，Dは生合成中間体を，(a)から(d)は各段階に対応する酵素を表す。二重斜線の段階が変異を起こしている

図3.2 突然変異株の利用による変異点の検出

こに変異点があるかは不明であるが，以下の実験によって明らかになる。M1はDをEに変換する酵素（d）が欠損しているため，Dを蓄積する。M2はCをDに変換する酵素（c）が欠損しているため，Cを蓄積する。そこで，M1の培養液をM2の培養液へ，M2の培養液をM1の培養液に添加すると，前者の場合，M1の培養液中に蓄積した中間体Dは，最終段階の反応を触媒する酵素（d）をもっているM2によって最終産物であるEに変換される。一方後者の場合，DをEに変換する酵素（d）が欠損しているため，最終産物のEを生産できない。この実験は**コシンセシス**（cosynthesis）と呼ばれる。

この結果から，M1の変異点はM2の変異点よりも後ろにあることが判明する。この系を利用すれば，M1の培養液中に蓄積した中間体Dを単離することが可能であり，その構造を決定することにより，生合成経路に関する情報が得られる。また，Dを基質とする反応を行うことにより，関連する酵素（d）を精製することもできる。M2はDを変換できる能力をもっているため**変換株**（converter），M1は中間体Dを分泌するため**分泌株**（secretor）と呼ばれる。場合によっては，M2においてCが蓄積せず，さらに別の化合物に変換されてしまう場合があり，この経路を**側路**（shunt pathway）と呼ぶ。なお，これら突然変異株において，中間体B，C，Dの生産量が微量のため，ほとんど蓄積せず，その単離が困難な場合もある。

実例で説明する。放線菌の生産する二次代謝産物であり，除草剤として実用化されているビアラホス（11.3.3項〔1〕参照）の生合成研究において，突然変異株を利用することにより，**図3.3**に示す数種の中間体が単離された。また関連する突然変異株の変異点もコシンセシス実験により証明された[1]。

これらの生合成中間体の構造と最終産物であるビアラホスの構造を比較することにより，関与する反応とその起こる順序をある程度推測することが可能である。まずホスフィノトリシンの単離により，最終産物であるビアラホスに存在するアラニルアラニル基は，最終段階に導入されること，デメチルホスフィノトリシンの構造から，リンのメチル化は遅い時期に起こることは容易に推測される。さらにメチル化に先立って，リン酸部分が還元されること，またホス

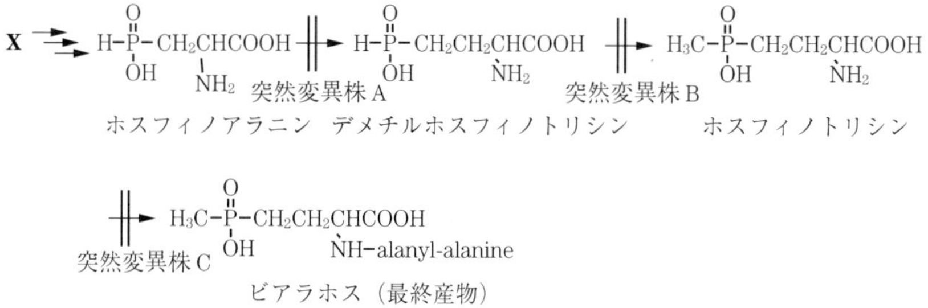

図3.3 の構造式:

X →→→ H-P(=O)(OH)-CH₂CHCOOH(NH₂) —|突然変異株A|→ H-P(=O)(OH)-CH₂CH₂CHCOOH(NH₂) —|突然変異株B|→ H₃C-P(=O)(OH)-CH₂CH₂CHCOOH(NH₂)

ホスフィノアラニン　　デメチルホスフィノトリシン　　　　ホスフィノトリシン

—|突然変異株C|→ H₃C-P(=O)(OH)-CH₂CH₂CHCOOH(NH-alanyl-alanine)

ビアラホス（最終産物）

図3.3　ビアラホス生産菌の突然変異株が蓄積する生合成中間体

フィノアラニンの構造より，炭素3個からなる中間体が存在し，これが炭素数4個の化合物（デメチルホスフィノトリシン）に変換される反応が関係していることなどが推測できる。このように突然変異株を利用した生合成中間体の単離，およびその変換実験により，詳細な反応経路が判明した。

ここで説明した技術は，多くの重要な生合成経路（例えば，シキミ酸経路やアミノ酸の生合成経路）の解明に際して多用されており，二次代謝産物の生合成研究に必須の手段である。

3.2　生合成遺伝子の同定

突然変異株の取得ができれば，遺伝子工学的な手段を用いて生合成関連遺伝子のクローニングが容易に行える。その方法はつぎのとおりである。

まず親株の染色体DNAを取り出し，制限酵素により適当な大きさに断片化する。次いで，このDNA断片をプラスミドに組み込んで，突然変異株を形質転換する。生産性の回復が見られた場合，導入したプラスミドに変異を相補する遺伝子が含まれていることを意味する。そこでこのプラスミドから遺伝子を取り出して，塩基配列の決定を行う。これにより変異を起こしている部位を相補する遺伝子が決定される。

しかしこの方法だけでは，この遺伝子（そしてコードしているタンパク）がどのような反応に関与しているか決定することはできない。そこで決定した塩基配列（あるいはそれがコードしているアミノ酸配列）とデータベースに登録

されている情報との比較検討を行う。これはインターネットで容易かつ迅速に行うことができる[2)~4)]。現在多数の遺伝子の配列が登録されているため，類似遺伝子が見出される確率はかなり高い。この類似遺伝子の機能（触媒する反応）が判明していたら，新しく決定した遺伝子も同様な反応を行うと推定することができる。しかし類似した遺伝子が見出せない場合，あるいは見出されたとしても機能未知として登録されている場合，新規遺伝子の機能について推測することは不可能となる。

　この場合，新規遺伝子がコードしているタンパク（酵素）を発現させ，基質として可能性のある化合物と反応させることになるが，基質がどのような化合物であるか不明な場合もある。例えば，図3.2において，突然変異株M2の欠損遺伝子は容易に同定できるが，この遺伝子がコードする酵素（c）の反応基質Cの蓄積量が超微量の場合，その構造を明らかにすることはきわめて困難であり，反応に関する情報が得られないことになる。また酵素が活性のある形で発現している保証はまったくなく，反応が進行しなくてもその理由が不明なこともある。

　一方，類似した遺伝子が見出され，最終産物の構造も比較的類似している場合は，それまでになされている研究を参考にすれば，機能解析は容易に行えることが多い。

　二次代謝産物の生合成に関係する遺伝子は，一般にクラスターを形成しており，当該遺伝子のある周辺を調べることにより（これを**遺伝子散歩**（gene walking）と呼ぶ），関連生合成遺伝子が一挙に見出されることが多い（図4.15および図4.20参照）。これらの周辺に新しく見出された遺伝子に特異的に変異を導入する技術（部位特異的変異）が利用できるので，その機能解析も容易に行うことが可能である。したがって，既知生合成経路と類似した経路の解明は，通常容易にかつ短時間で行えると考えてよい。

　このように天然物化学の一部門である生合成研究には，遺伝子工学の利用が不可欠となっており，両者の融合のもとに天然物化学領域の研究が著しく進歩している状況にある。

引用・参考文献

1) 瀬戸治男：微生物が行うユニークな化学反応— C-P 化合物の生成機構，日本農芸化学会誌，**72**，1，pp.3-20（1998-1）
2) DNA Data Bank of Japan（国立遺伝研究所）：http://www.ddbj.nig.ac.jp/search/psi_blast-j.html（2006 年 2 月現在）
3) ゲノムネット（京都大学）：http://blast.genome.jp/（2006 年 2 月現在）
4) National Center for Biotechnology Information（NCBI）：http://www.ncbi.nlm.nih.gov/BLAST/（2006 年 2 月現在）

4 ポリケチド

　ポリケチドとはどのような化合物を指すのであろうか。その代表的な化合物を図4.1に示す。わかりやすくするために，エリスロマイシンの糖部分は R, R' で表してある。両者を比較しても，有機化合物であるという以外共通点はまったく見出せない。しかし両者は，きわめて類似した反応機構によって生合成されるのである。

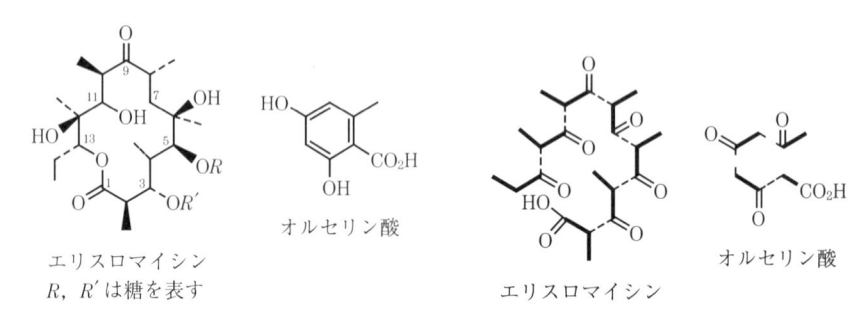

図4.1 ポリケチド化合物の例（エリスロマイシンとオルセリン酸）

図4.2 エリスロマイシンとオルセリン酸の構成単位

　図4.2に示すように，エリスロマイシンは7モルのプロピオン酸，オルセリン酸は4モルの酢酸の縮合（クライゼン縮合反応）によって生成する。このように酢酸やプロピオン酸の縮合により生成される化合物をポリケチド（あるいはポリケタイド）と呼ぶ[1)~3)]。これらの代わりに酪酸やその他の低級カルボン酸が利用される場合もある。エリスロマイシンの構造上の特徴，すなわちラクトンカルボニル炭素を1位とすると，偶数位の炭素でメチル基が枝分かれして

いること，例外はあるものの奇数位の炭素には酸素が結合していること（図4.1），はその生成機構に由来するのである。

4.1 ポリケチドの生成機構

遊離の脂肪酸は，縮合反応を行うだけの十分なエネルギーをもっていないので，反応に先立ちATPのエネルギーを利用した活性化を受ける必要がある。酢酸の場合，図4.3に示すコエンザイムA（CoA）との反応により，アセチルCoA（酢酸のチオエステル，アセチルCoA）という化学的に反応性の高いチオエステルに変換される。なお縮合に際しては，アセチルCoAは図4.4に

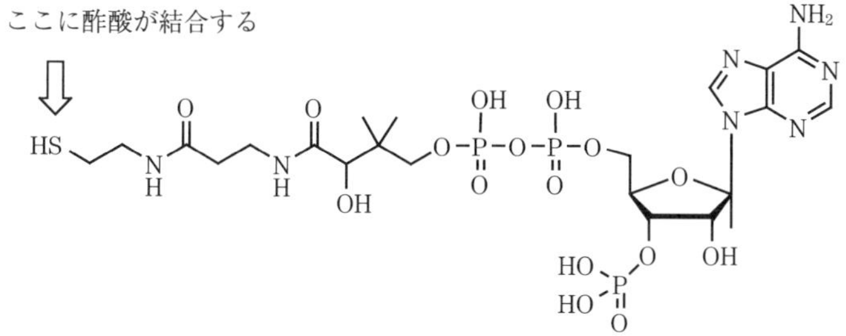

図4.3 CoAの構造（酢酸が結合したものをアセチルCoAと呼ぶ）

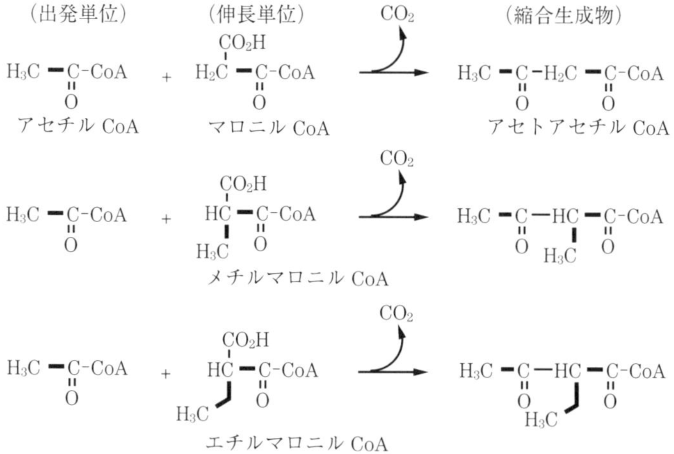

図4.4 アセチルCoAの縮合反応

示すように出発単位としてのみ利用され，これに縮合する伸長単位としては，アセチル CoA がより活性化されたマロニル CoA（図 4.5）が利用される。この同じ反応は所定の長さの炭素鎖が生成されるまで繰り返される。CoA の SH 基にアセチル基が結合しているために，H$_3$C-C(=O)-S-CoA（あるいは Ac-S-CoA）と書く場合もある。なお，マロニル CoA の代わりに，メチルマロニル CoA やエチルマロニル CoA が縮合すると，分枝した炭素鎖が生成される（図 4.4）。縮合反応が終了後，カルボン酸は脱炭酸により自動的に除去される。

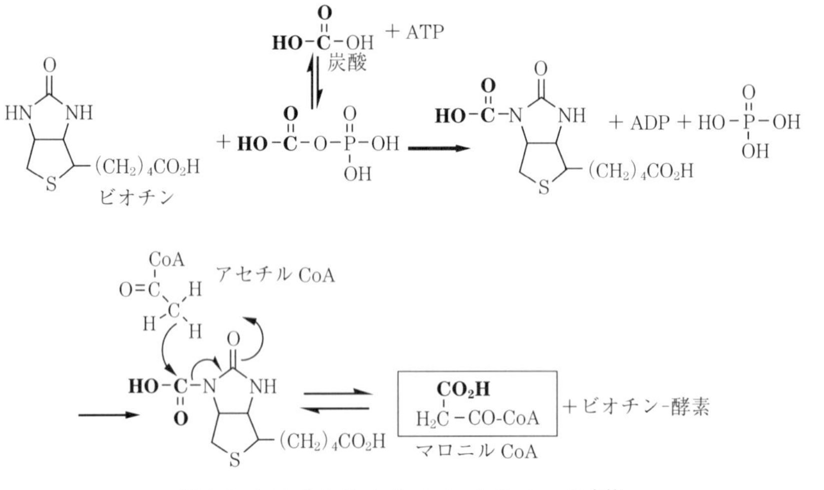

図 4.5　アセチル CoA のマロニル CoA への変換

ポリケチド生合成機構（polyketide biosynthetic mechanism）は，脂肪酸合成に非常によく似ている[3]（図 4.6）。大きな違いは，脂肪酸合成においては，縮合によって生成した高い化学反応性を有する官能基（ケトン）が還元，脱水，水素付加されて安定なメチレンに変換されることである。したがって脂肪酸生合成においては，飽和アルキル鎖が形成される。

一方ポリケチドの場合，化学的に活性な官能基（ケトン，アルコール，二重結合）がそのまま残るため，炭素鎖の形成後に種々の反応を行うことが可能であり，これがポリケチドにおける構造の多様性を生み出す原因となっている。

4.1 ポリケチドの生成機構

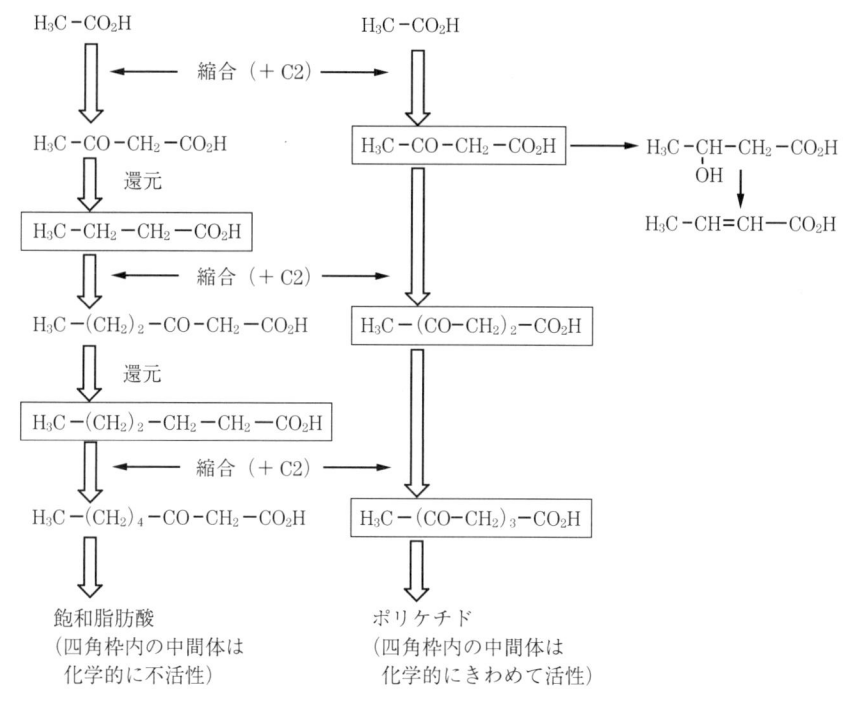

```
H₃C-CO₂H              H₃C-CO₂H
   ↓   ← 縮合(+C2) →     ↓
H₃C-CO-CH₂-CO₂H       [H₃C-CO-CH₂-CO₂H] → H₃C-CH-CH₂-CO₂H
   ↓ 還元                                        OH  ↓
[H₃C-CH₂-CH₂-CO₂H]                          H₃C-CH=CH-CO₂H
   ↓   ← 縮合(+C2) →     ↓
H₃C-(CH₂)₂-CO-CH₂-CO₂H  [H₃C-(CO-CH₂)₂-CO₂H]
   ↓ 還元                ↓
[H₃C-(CH₂)₂-CH₂-CH₂-CO₂H]
   ↓   ← 縮合(+C2) →     ↓
H₃C-(CH₂)₄-CO-CH₂-CO₂H  H₃C-(CO-CH₂)₃-CO₂H
   ↓                    ↓
 飽和脂肪酸              ポリケチド
(四角枠内の中間体は      (四角枠内の中間体は
 化学的に不活性)         化学的にきわめて活性)
```

図4.6 脂肪酸合成とポリケチド化合物生合成の比較

例えば,ポリケチドであるオルセリン酸の生合成の場合,図4.7に示すように1,3-位のジカルボニル基に挟まれた活性メチレンが分子内アルドール縮合反応を行い,引き続いての脱水反応,エノール化を経て芳香環が生成される。

微生物が生産する有用物質は多種にわたり,抗菌抗生物質,抗カビ抗生物質,抗がん抗生物質,抗コクシジウム剤,免疫抑制剤,コレステロール合成阻

図4.7 直鎖の前駆体からのオルセリン酸の生成機構

28   4. ポリケチド

害剤などが挙げられる（11章 参照）。これらのうちの約70％はポリケチド化合物に属する。したがって本群に属する化合物は実用上最も重要な化合物といえよう。実用化されている代表的な化合物とその生物活性を図4.8に示す。

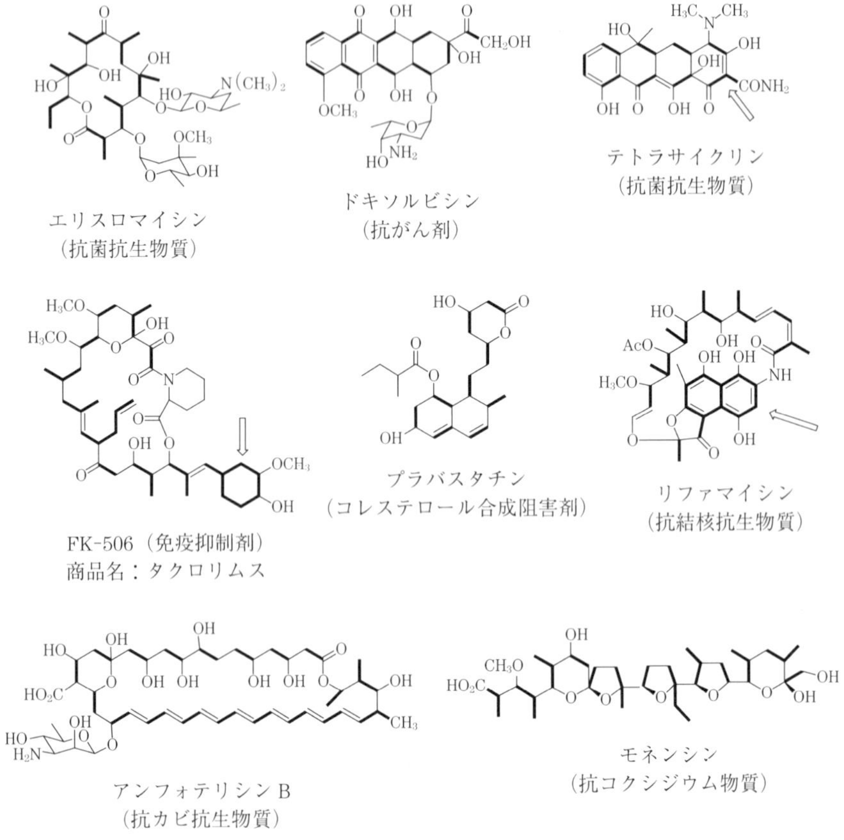

エリスロマイシン
（抗菌抗生物質）

ドキソルビシン
（抗がん剤）

テトラサイクリン
（抗菌抗生物質）

FK-506（免疫抑制剤）
商品名：タクロリムス

プラバスタチン
（コレステロール合成阻害剤）

リファマイシン
（抗結核抗生物質）

アンフォテリシンB
（抗カビ抗生物質）

モネンシン
（抗コクシジウム物質）

図4.8 実用化されているポリケチド化合物（白抜き矢印は生合成出発単位を示す）

4.2 ポリケチドの種類

ポリケチド化合物（polyketide compound）は縮合単位の数により，図4.9（a）に示すように**トリケチド**（$C_2 \times 3$, triketide），**テトラケチド**（$C_2 \times 4$, tetraketide），**ペンタケチド**（$C_2 \times 5$, pentaketide），**ヘキサケチド**（$C_2 \times 6$,

4.2 ポリケチドの種類

トリケチド（酢酸3個）　テトラケチド（酢酸4個）　ペンタケチド（酢酸5個）　ヘキサケチド（酢酸6個）

トリ酢酸ラクトン　　　アスペルリン　　　　　メレイン　　　　　　　アスコヒチン
Penicillium stipiatum　*Aspergillus nidulans*　未同定のカビ　　　　　*Endothia parasitica*

ヘプタケチド（酢酸7個）　　ノナケチド（酢酸9個）　　デカケチド（酢酸10個）

ピリキュロール　　　　　　フレノリシン　　　　　　　アベランチン
Pyricularia oryzae　　　*Streptomyces fradiae*　　　*Aspergillus versicolor*

（a）種々のポリケチド化合物とその生産菌名

オクタケチド（酢酸8個）

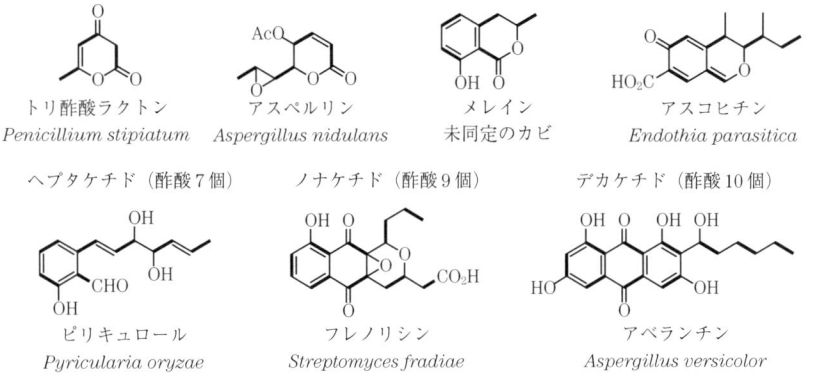

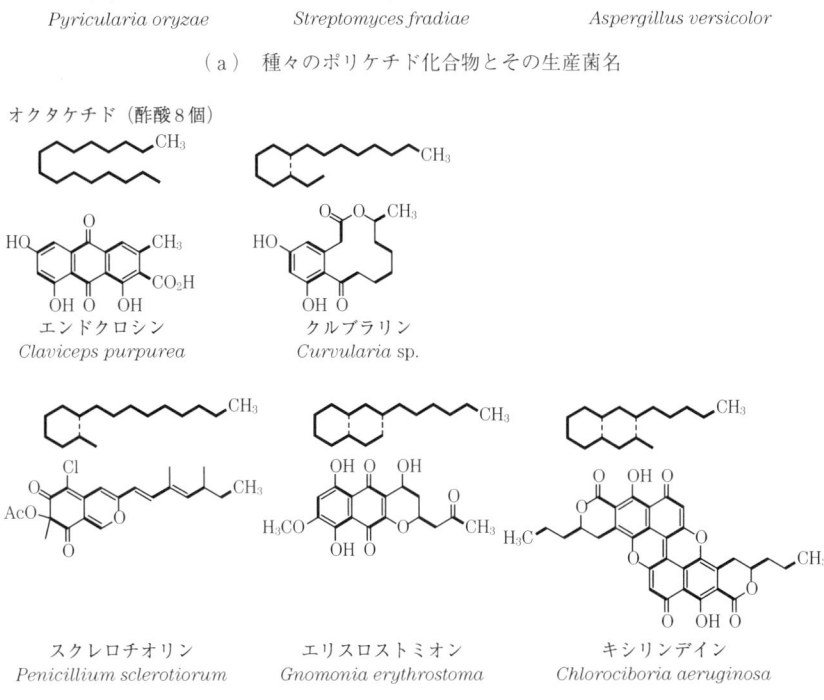

エンドクロシン　　　　クルブラリン
Claviceps purpurea　　*Curvularia* sp.

スクレロチオリン　　　　エリスロストミオン　　　　キシリンデイン
Penicillium sclerotiorum　*Gnomonia erythrostoma*　*Chlorociboria aeruginosa*

（b）オクタケチド化合物とその生合成における縮合パターン

図4.9　ポリケチド化合物

hexaketide），**ヘプタケチド**（$C_2 \times 7$, heptaketide），**オクタケチド**（$C_2 \times 8$, octaketide），**ノナケチド**（$C_2 \times 9$, nonaketide），**デカケチド**（$C_2 \times 10$, decaketide）などに分類される[1,2]。なお，縮合単位として，メチルマロン酸が利

用される場合は，エリスロマイシンの場合のように枝分かれの分だけ炭素数が多くなる。また同一基本骨格を有する場合でも，環化パターンの相違によって数多くの化合物が生成する。例えば，図（b）に示すように，同じオクタケチドであっても構造の多様性が見られ，中には二量体化して，より複雑な構造へと変化したキシリンデインのような化合物もある。

　出発単位（starter unit）には酢酸，プロピオン酸以外に環状脂肪酸や芳香環化合物が取り込まれる場合がある。図4.8の白抜き矢印で示したリファマイシンの場合はナフタレンカルボン酸が，テトラサイクリンの場合はマロン酸アミドが，FK506の場合はシクロヘキサンカルボン酸が取り込まれている（これらの化合物については，11章で説明する）。

　縮合単位の数は3から数十にも及ぶ。その縮合のパターンもさまざまであり（図4.9（b）のオクタケチドの例を参照），また種々の置換基（メチル基や水酸基，ケトン基など）が導入されている。共通した構造の特徴として，(1) 出発単位の酢酸のメチル基やプロピオン酸のエチル基はそのまま残っている例が多い，(2) 末端のカルボン酸は種々の酸素を含む官能基に変わっていることも多い，(3) 途中の単位のケトンは水酸基として残っていることが多い，などが挙げられるので，これらを考慮することにより，ある化合物がどのような縮合様式によって生合成されたのか推測可能である。

　縮合によって生成された炭素骨格は，枝分かれしたメチル基やエチル基を除くと，ほとんどの場合一筆書きができる。そうでない場合は，複雑な転位反応，炭素-炭素結合の開裂などが起こっていると判断される。その例としてカビの生産する毒性物質（マイコトキシン）で，強いがん原性を示すアフラトキシンを挙げることができる[4]。本化合物は10モルの酢酸が縮合したノナケチドから図4.10に示すノルソロリン酸が形成された後，炭素-炭素結合の開裂を含む複雑な反応を経て生合成されるため，一筆書きできない。

　これらポリケチドは，構造上の特徴に基づき，飽和型化合物群（タイプⅠ）と芳香族化合物群（タイプⅡ）の2種類に分類される。前者として図4.8に示すエリスロマイシン，FK506，プラバスタチン，アンフォテリシンB，リフ

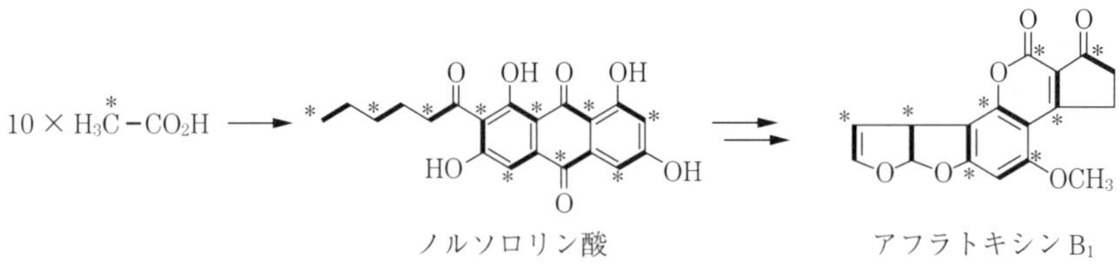

図 4.10 酢酸のアフラトキシンへの取込みパターン

ァマイシン，モネンシンなどが挙げられる（これらの化合物については11章参照）。なお，リファマイシンには芳香環が存在するが，これは出発単位としてナフタレン環が利用されたためであり（7章参照），タイプⅡには属さないことに注意する必要がある。後者の芳香族化合物群には，オルセリン酸（図4.1），ドキソルビシンやテトラサイクリンが含まれる。ドキソルビシンやテトラサイクリンでは一部の環が還元されている。

4.3 Ⅱ型ポリケチド生合成酵素

ポリケチド化合物の生合成に関係する酵素群を**ポリケチド合成酵素**（polyketides synthase，**PKS**）と呼ぶが，芳香族化合物をつくるⅡ型（タイプⅡ）酵素と飽和化合物をつくるⅠ型（タイプⅠ）酵素の二群に分類される[5]。これらは以下に説明するように，関係する酵素の構成に相違が見られ，タイプⅠ酵素群のほうが複雑になっている。

4.3.1 Ⅱ型ポリケチド（芳香族ポリケチド）生合成酵素

本群に属する化合物は，同一酵素による繰返し反応によって炭素鎖が生成される。そのため，**反復PKS**（iterative PKS）と呼ばれる。反応様式を図4.11に示す。この反応にはつぎの酵素が関与している。

(1) **アシルキャリヤータンパク**（acyl carrier protein，**ACP**）
  縮合するアシル基を固定する場を提供するタンパク。

(2) **β-ケトアシル合成酵素**（β-ketoacyl synthase，**KS**）
  ACPに結合したアシル基に別のアシル基を付加させ，炭素骨格を伸長

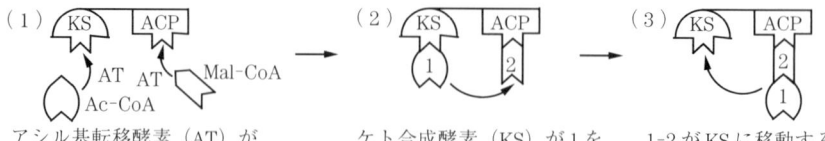

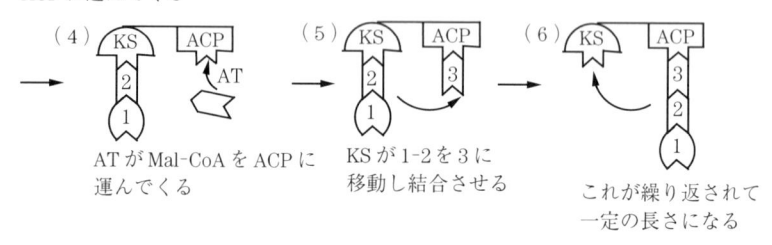

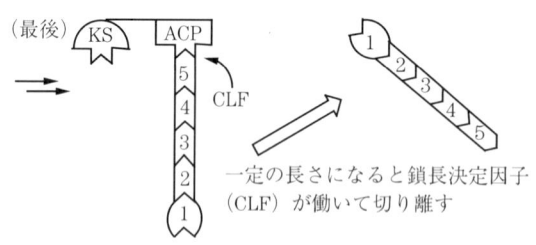

32　4. ポリケチド

図4.11 タイプⅡポリケチドの炭素鎖の伸長様式

(1) アシル基転移酵素（AT）がアセチル CoA（Ac-CoA）をケト合成酵素（KS）に，マロニル CoA（Mal-CoA）を ACP に運んでくる

(2) ケト合成酵素（KS）が1を2に移動し結合させる

(3) 1-2が KS に移動する

(4) AT が Mal-CoA を ACP に運んでくる

(5) KS が1-2を3に移動し結合させる

(6) これが繰り返されて一定の長さになる

(最後) 一定の長さになると鎖長決定因子（CLF）が働いて切り離す

させる酵素。**ケト合成酵素**（ketosynthase）と略称される。

(3) **アシル基転移酵素**（acyl transferase, **AT**）

　　アシル CoA（アセチル CoA など）を ACP に結合させる酵素。基質の特異性が厳密な場合が多い。

(4) **鎖長決定因子**（chain length factor, **CLF**）

　　縮合の回数（炭素鎖の長さ）を決定するタンパク因子。

以上の4酵素があれば，炭素鎖の伸長反応が進行するので，これらは**最少ポリケチド合成酵素**（minimal PKS＝KS＋CLF＋ACP＋AT）と呼ばれる。これらの反応をわかりやすく示したものが図4.11である。

最初の段階 (1) でアシル基転移酵素（AT）がアセチル CoA をケト合成酵

素（KS）に，マロニル CoA をアシルキャリヤータンパク（ACP）に結合させ，反応の準備を整える。段階（2）でケト合成酵素（KS）が結合しているアシル基をアシルキャリヤータンパク上のマロニル CoA に転移，縮合させる。段階（3）でアシルキャリヤータンパク上の縮合反応物がケト合成酵素に移動する。つぎの段階（4）で空いたアシルキャリヤータンパク上にアシル基転移酵素がマロニル CoA を結合させる。つぎに段階（2）と同様にケト合成酵素が縮合反応を行う。この反応が何回も繰り返されて，炭素鎖が所定の長さになると，鎖長決定因子が作用して，縮合生成物を切り離す。

以上の反応でできるものは，図 4.12 に示すようにケトンとメチレンの繰返し構造を有する化合物であり，きわめて反応性に富むため，実際は切離しが起こる前に，酵素反応を受けて，特定の構造を有する環状化合物に変換される。

両側をケトンに挟まれた活性メチレンであり（ポリケトメチレン），きわめて反応性に富むため酵素が環化縮合パターンを制御している

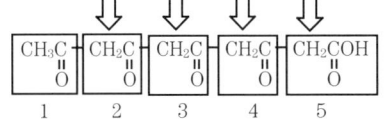

CH$_3$C	CH$_2$C	CH$_2$C	CH$_2$C	CH$_2$COH
‖	‖	‖	‖	‖
O	O	O	O	O
1	2	3	4	5

図 4.12　ポリケトメチレン鎖の性質と反応性

これらの修飾化学反応を行う酵素には，つぎのものがあり，図 4.13 に示すような反応を行う。

(1) **ケト還元酵素**（ketoreductase）

ケトンをアルコールに還元する酵素。

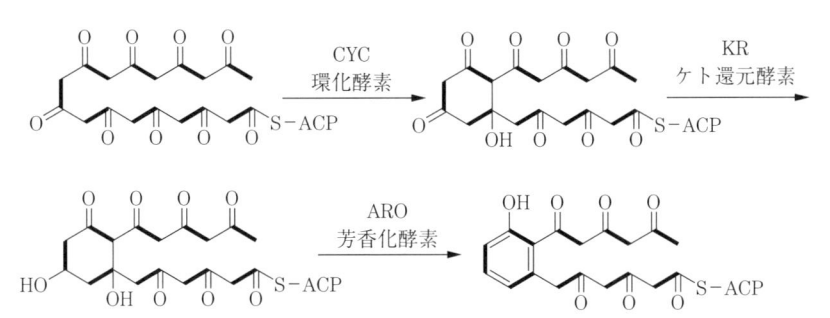

図 4.13　タイプ II ポリケチド生合成に関係する酵素

34　　4. ポリケチド

(2) **芳香化酵素**（aromatase，**ARO**）
　　芳香環化を行う酵素。
(3) **環化酵素**（cyclase，**CYC**）
　　環化反応を行う酵素。

これらの反応に関係する酵素群をコードする遺伝子は，染色体上に隣接して存在し，クラスターを形成している。図 4.14 に示す 4 種のポリケチド化合物

アクチノロージン（*act*）　　　　テトラセノマイシン（*tcm*）

フレノリシン（*fren*）　　　　グリセウシン（*gris*）

図 4.14　タイプⅡに属するポリケチド化合物（アクチノロージンは二量体になっていることに注意）

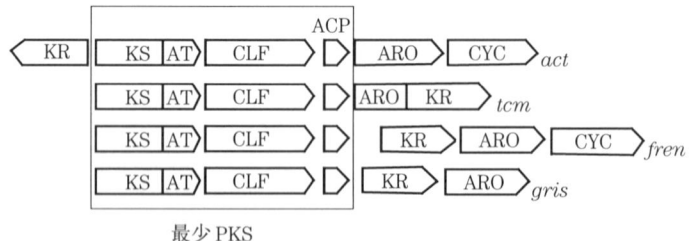

最少 PKS

略語は本文参照。*act* はアクチノロージン，*tcm* はテトラセノマイシン，*fren* はフレノリシン，*gris* はグリセウシンを表す。各化合物の構造については図 4.14 を参照

図 4.15　タイプⅡポリケチド化合物の生合成遺伝子クラスター

アクチノロージン，テトラセノマイシン，フレノリシン，グリセウシンは8個から10個の酢酸の縮合により生合成されるが，これらに対応する生合成遺伝子は図4.15に示すように，非常によく似た配置をとっており，特に最少ポリケチド合成酵素をコードする遺伝子は，完全に同じ配置にある。これに加えて，各化合物に特有の構造を与える遺伝子がクラスター上に存在している[5]。

4.3.2 Ⅱ型ポリケチド生合成酵素の改変による新規化合物の生産

クラスターから最少PKS以外の酵素をコードしている遺伝子を，部位特異的変異により特異的に破壊すると，それより先の反応が進行しないため，中間体が蓄積するが，この中間体にはケトンや活性メチレンなどが存在するため，非酵素的な化学反応が起こり，本来蓄積しない（天然に存在しない）化合物が生産される。この技術によって生産された化合物を，**非天然型天然化合物**（unnatural natural products）と呼ぶ。これはいままでに得られていない化合物を，遺伝子の改変によって人為的に生産できるようになったことを意味する。

この手段を使って，アクチノロージンの生産菌から5種の化合物を単離した例を図4.16に示す[5]。得られた化合物のうちSEK4，SEK34は新規化合物であった。なおDMACとアロエサポナリンは，すでに植物から単離されていた。またミュータクチンは，他の放線菌の突然変異株から単離されていた化合物である。

アクチノロージンのPKSは図4.15に示すように，KS，AT，CLF，ACPからなる最少PKSの左側にケト還元酵素（KR），右側に芳香環化酵素（ARO）と環化酵素（CYC）が並んでいる。図4.15で最少PKSにより中間体オクタケチドが形成されるが，その後の反応を触媒する酵素であるKR（ケト還元酵素）を破壊した生産株では，以後図4.17に示す化学反応（脱水，エノール化など）が自動的に進行し，SEK4が生成する。図4.16に示すようにミュータクチン，SEK34，DMAC，アロエサポナリンⅡも同様のメカニズムでそれぞれ対応する遺伝子破壊株から生成する。

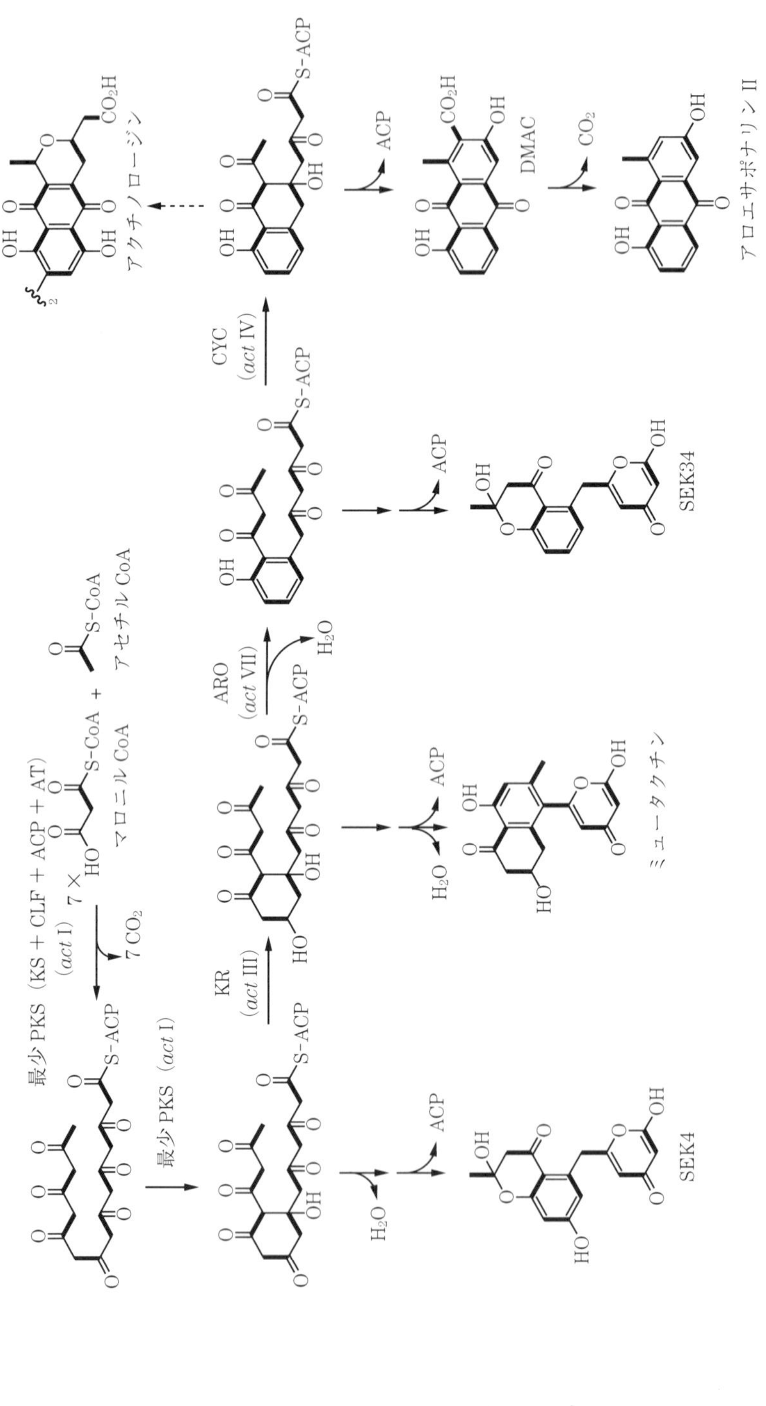

36 4. ポリケチド

図 4.16 生合成遺伝子破壊株に蓄積する化合物

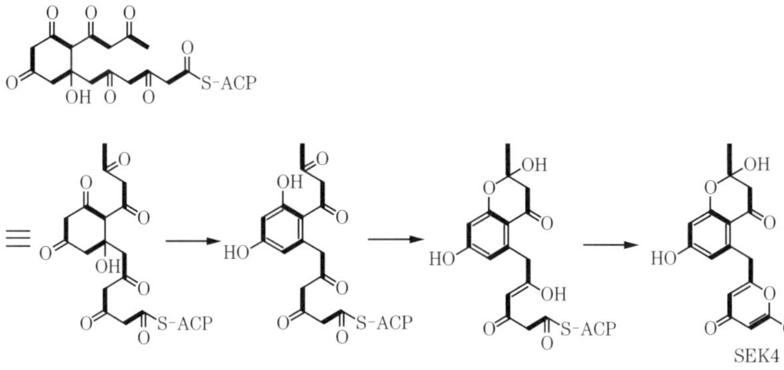

図4.17 生合成遺伝子破壊株に蓄積する化合物SEK4の生成機構

このように，遺伝子工学的手法を使うことにより，新規化合物の調製がある程度は可能ではあるが，自発的に進行する化学反応の制御が不可能であるため，この方法による新規化合物の調製には大きな限界があり，つぎに説明するⅠ型ポリケチドについての研究が主として行われている。

4.4 Ⅰ型ポリケチド生合成酵素

4.4.1 Ⅰ型ポリケチド（非芳香族ポリケチド）生合成酵素

本群に属する化合物の生合成に関する酵素は，Ⅱ型と異なり各反応に対応して個別の酵素が存在する。そのためモジュラーポリケチド合成酵素（modular PKS）と呼ばれる。この酵素には，Ⅱ型の場合と同様，(1) ACP，(2) KS，(3) AT，があり，これらはⅡ型の場合と本質的には同じである。この他に以下のような種類がある。

(4) **β-ケトアシル還元酵素**（β-ketoacyl reductase，**KR**）
　　反応中間体のβ位のケトンをアルコールに還元する酵素。**ケト還元酵素**（ketoreductase）と略称される。

(5) **脱水酵素**（dehydratase，**DH**）
　　脱水反応を行う酵素。

(6) **エノイル還元酵素**（enoylreductase，**ER**）
　　ケトンと共役した二重結合を還元する酵素。

(7) **チオエステラーゼ**(thioesterase, **TE**)

生合成反応の最終段階で ACP から生成物を切り離す酵素。II 型の鎖長決定因子（CLF）に相当する。

炭素鎖の伸長は図 4.18 に示すように行われる（ここではアセチル基が 4 個縮合するテトラケチドの例を考える）。II 型 PKS の場合と異なり，I 型 PKS の場合，縮合に使われるアシル基の数に対応する別々のアシルキャリヤータンパク（ACP1 から ACP4），アシル基転移酵素（AT1 から AT4），ケト合成酵素（KS1 から KS3）が存在する。

(1) ACP1 ACP2 ACP3 ACP4
　　AT1　 AT2　 AT3　 AT4
　Ac-CoA Mal-CoA
アシル基転移酵素（AT）がマロニル CoA
（Mal-CoA）を各 ACP に運んでくる。
ACP1 だけはアセチル CoA（Ac-CoA）を受け取る

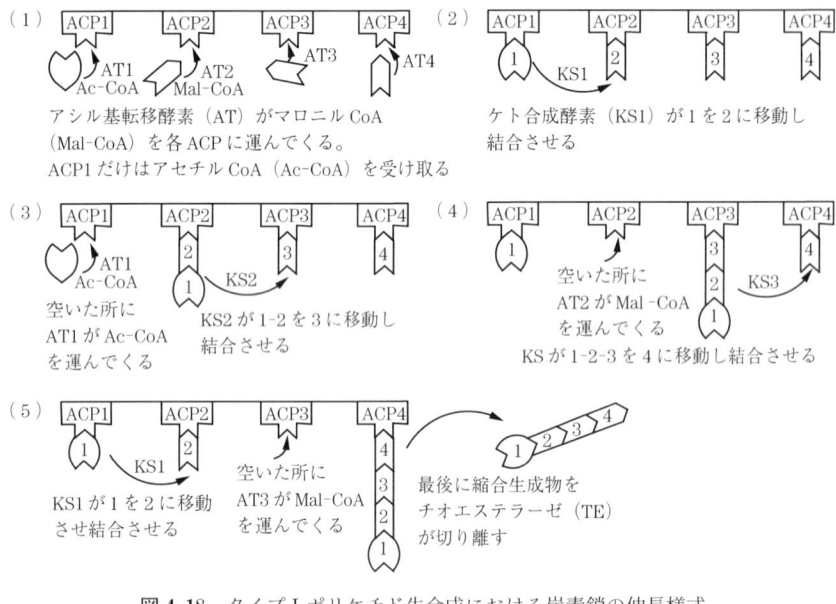

(2) ACP1 ACP2 ACP3 ACP4
　　1　KS1　2　　3　　4
ケト合成酵素（KS1）が 1 を 2 に移動し結合させる

(3) ACP1 ACP2 ACP3 ACP4
　　AT1　 2 KS2　3　　4
　Ac-CoA　1
空いた所に AT1 が Ac-CoA を運んでくる
KS2 が 1-2 を 3 に移動し結合させる

(4) ACP1 ACP2 ACP3 ACP4
　　1　　　　3 KS3　4
空いた所に AT2 が Mal-CoA を運んでくる
KS が 1-2-3 を 4 に移動し結合させる

(5) ACP1 ACP2 ACP3 ACP4
　　1 KS1　空いた所に　4
　　　　　 AT3 が Mal-CoA
　　　　　 を運んでくる　3
　　　　　　　　　　　　2
　　　　　　　　　　　　1
KS1 が 1 を 2 に移動させ結合させる

1 2 3 4
最後に縮合生成物をチオエステラーゼ（TE）が切り離す

図 4.18　タイプ I ポリケチド生合成における炭素鎖の伸長様式

段階（1）では，各 AT がマロニル CoA（Mal-CoA）をそれぞれ対応する ACP に結合させ，縮合反応の準備をする。なお，AT1 だけは出発単位となるアセチル CoA（Ac-CoA）を ACP1 に結合させる。

段階（2）では，ケト合成酵素（KS1）がアセチル基 1 を ACP2 上に結合したマロニル基 2 に転移させる。

段階（3）では，KS2 がアシル基 1-2 を ACP3 上のマロニル基 3 に転移さ

せる。また空いた ACP 1 に AT 1 がアセチル CoA を結合させる。

段階（4）では，前の段階と同様に KS 3 がアシル基 1-2-3 を ACP 上のマロニル基 4 に転移させる。空いた ACP 2 に AT 2 がマロニル CoA を結合させる。

段階（5）でチオエステラーゼ（TE）が完成したポリケチド鎖を切り離して，反応が完了する。

実際の生合成反応はこのように単純ではなく，縮合反応後つぎの ACP に転移する前に，種々の修飾酵素（KR，DH，ER）による反応を受ける。これらの酵素は図 4.18 では省略してあるが，ACP と ACP の間に存在する。そこでこれらの修飾酵素をコードしている遺伝子を不活性化したり，他の修飾酵素遺伝子を導入したりすると，構造の改変した化合物を調製することが可能となる[6]。この際起きる変化を図 4.19 で説明する。

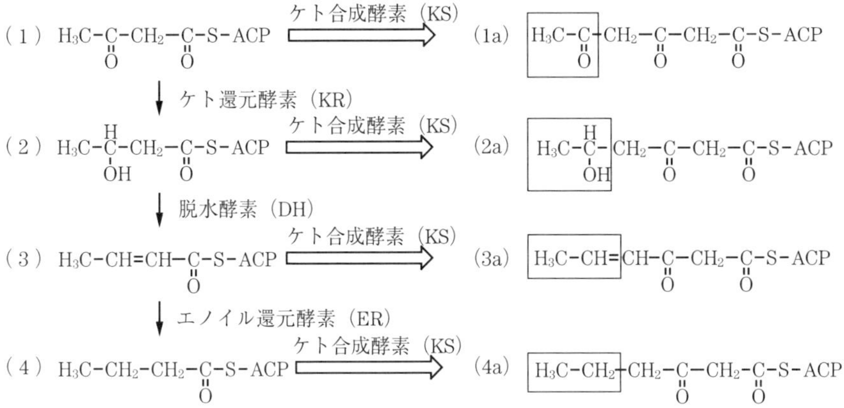

(1) H$_3$C-C-CH$_2$-C-S-ACP　→ケト合成酵素（KS）→　(1a) H$_3$C-C-CH$_2$-C-CH$_2$-C-S-ACP
        O   O   O   O   O

    ↓ ケト還元酵素（KR）

(2) H$_3$C-C-CH$_2$-C-S-ACP　→ケト合成酵素（KS）→　(2a) H$_3$C-C-CH$_2$-C-CH$_2$-C-S-ACP
       H   O   H   O   O
       OH   OH

    ↓ 脱水酵素（DH）

(3) H$_3$C-CH=CH-C-S-ACP　→ケト合成酵素（KS）→　(3a) H$_3$C-CH=CH-C-CH$_2$-C-S-ACP
                    O   O   O

    ↓ エノイル還元酵素（ER）

(4) H$_3$C-CH$_2$-CH$_2$-C-S-ACP　→ケト合成酵素（KS）→　(4a) H$_3$C-CH$_2$-CH$_2$-C-CH$_2$-C-S-ACP
                       O   O   O

図 4.19　タイプ I ポリケチド化合物生合成におけるポリケチド鎖の修飾反応

(1) のアセトアセチル CoA が KS と反応すると，炭素鎖の伸長が起き，右側の化合物（1a）が生成する。この場合，枠内の出発単位のアセチル基は変化を受けない。一方もし（1）がケト還元酵素（KR）により還元を受けると，ケト基がアルコールに還元され（2）となる。次いで KS が作用すると，(2a) が生成する。また（2）がさらに脱水酵素（DH）の作用を受けると，二重結合をもった化合物（3）が生成し，さらにエノイル還元酵素（ER）の

作用を受けると飽和化合物（4）となる。これらが炭素鎖伸長反応を受けるとそれぞれ（3a），（4a）となる。このように炭素鎖伸長反応以前に，これらの修飾反応を受けると，四角の枠内に示すように構造に多様性が生ずる。なおこれらの修飾反応は，チオエステルカルボニル炭素の β 位のケト基においてのみ起こり，（1a）の枠内のケト基に示すようなチオエステルカルボニル炭素から離れた位置のカルボニル基は変化を受けない。

具体的な例としてエリスロマイシンの生合成について説明する。そのポリケチド合成酵素遺伝子の配列を**図 4.20** に示す。ここで注意する必要があるのは，図において示されているのは遺伝子であり，反応に関与するタンパクそのものではないことである。ただ関与している反応を理解するには，この表し方で十分なので便宜的にこの方法が広く用いられている。これらの反応を触媒する酵素は恐らく複合体を形成していると思われるが，まだその詳細は不明である。

図では示されていないが，まず各モジュールに存在する AT がメチルマロ

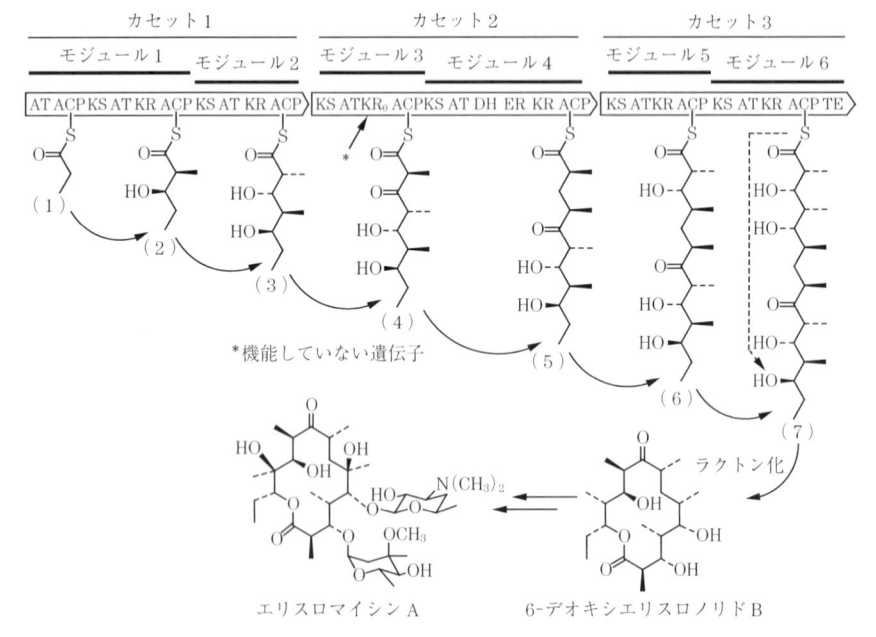

図 4.20 エリスロマイシン生合成に関与する遺伝子と中間体の構造[5]

ニル CoA を対応する ACP に結合させ，縮合反応の準備が整う．ただし先頭の ACP にはプロピオニル CoA が結合する．次いで，モジュール1内にある KS が，中間体（1）を同一モジュール内にあるつぎの ACP 上のメチルマロニル基に結合させる．続いて同一モジュール内にある KR によって還元を受け，アルコール中間体（2）が形成される．これがモジュール2内にある KS により ACP に移され，KR により還元を受け，アルコール体（3）となる．以後同様の反応により炭素鎖が伸長され，最終的に中間体（7）が TE により切り離されると同時にラクトン化が起きて，環状中間体 6-デオキシエリスロノリド B が形成される．この中間体は，以後同一クラスター内にある他の酵素による修飾を経て，最終的にエリスロマイシンに変換される．なお，モジュール 3 にある KR_0 は，機能的に発現していないため，還元反応は起こっていない．

ここで重要なことは，各モジュールには必ず KS, AT, ACP が1個ずつそろっていることである．ただしモジュール1だけは，AT と ACP が2個ずつある．なお，モジュール4には DH, ER, KR が存在するがこれらの並び方は反応の順序どおりになっていないことに注意する必要がある．

ここでモジュールとカセットについて説明しておく．1回の炭素鎖伸長が起きてから，つぎの伸長が起きるまで種々の酵素反応が行われるが，これらの酵素をコードする遺伝子のグループをモジュールと呼ぶ．カセットは遺伝子の読取り単位であり，通常複数のモジュールを含む．完全なモジュールには，ケト還元酵素（KR），脱水酵素（DH），エノイル還元酵素（ER）が含まれる．

4.4.2 I 型ポリケチド生合成酵素の改変による新規化合物の生産

エリスロマイシンのモジュール3にある KR は遺伝子機能が欠損しているため，これが担当するはずの還元反応が起こっていない．このことより，ある特定の遺伝子の機能を破壊したら，その遺伝子が関与する反応が起こらず，構造が変化した新化合物が得られることが期待される．その例を図 4.21 に示す[6], [7]．このように遺伝子工学的手段によってのみ得られる化合物を，非天然型天然化合物と呼ぶ．

42　　4. ポリケチド

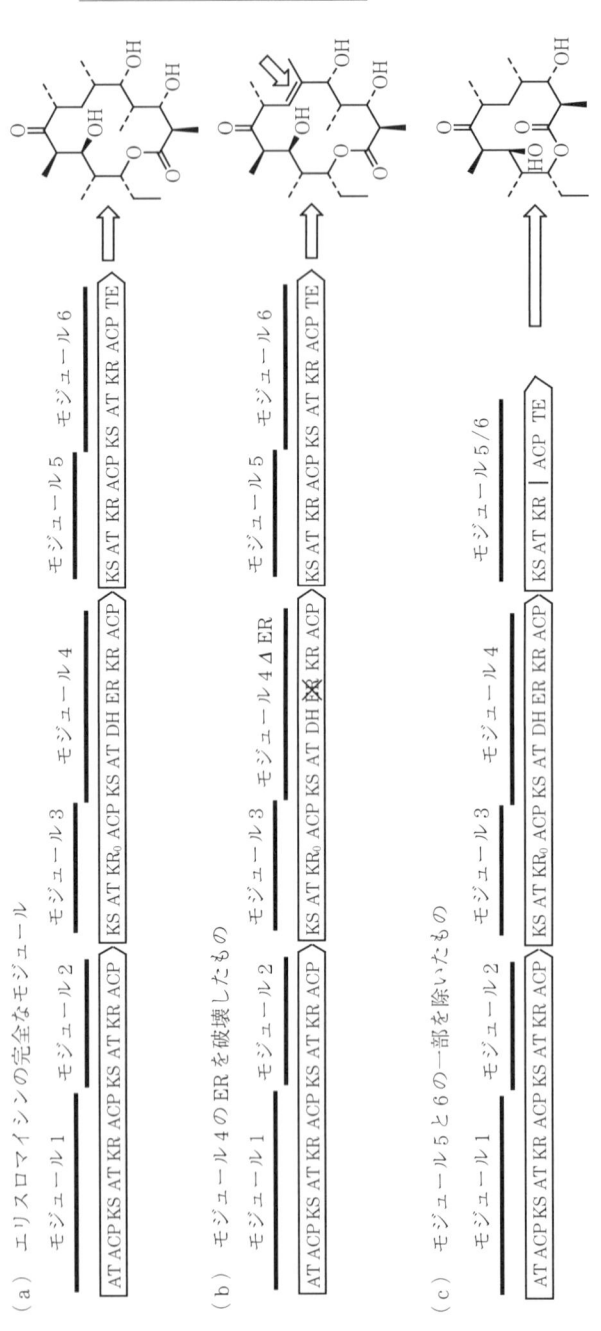

(a) エリスロマイシンの完全なモジュール

モジュール1　モジュール2　モジュール3　モジュール4　モジュール5　モジュール6

| AT ACP KS AT KR ACP KS AT KR ACP | KS AT KR₀ ACP KS AT DH ER KR ACP | KS AT KR ACP KS AT KR ACP TE |

(b) モジュール4のERを破壊したもの

モジュール1　モジュール2　モジュール3　モジュール4 ΔER　モジュール5　モジュール6

| AT ACP KS AT KR ACP KS AT KR ACP | KS AT KR₀ ACP KS AT DH ✗ KR ACP | KS AT KR ACP KS AT KR ACP TE |

(c) モジュール5と6の一部を除いたもの

モジュール1　モジュール2　モジュール3　モジュール4　モジュール5/6

| AT ACP KS AT KR ACP KS AT KR ACP | KS AT KR₀ ACP KS AT DH ER KR ACP | KS AT KR | ACP TE |

(d) モジュール1と2にTEを加えたもの

モジュール1　モジュール2 + TE

| AT ACP KS AT KR ACP KS AT KR ACP | TE |

図 4.21　エリスロマイシン生合成遺伝子の改変により得られた新規化合物

4.4 I型ポリケチド生合成酵素

（b）のモジュール4のER（二重結合を還元する酵素）を破壊すると，中間体の二重結合が還元されずそのまま残った化合物（白抜きの矢印で示す）が得られた。

またモジュール5と6から一部の遺伝子を削除した（c）の場合，炭素鎖が短い12員環の化合物が得られた。興味あることは，この化合物に構造が類似した図4.22に示すメチマイシンが，他の *Streptomyces* の代謝産物としてすでに報告されていることである。

エリスロマイシンの遺伝子変異によって得られた化合物（図4.21）と構造が類似している

図4.22 メチマイシンの構造

さらに短くした（d）の場合，6員環化合物が得られた。

遺伝子を破壊するのではなく，ある遺伝子を基質特異性あるいは反応特異性の異なる酵素をコードしている遺伝子と入れ替えると，さらに多くの誘導体が得られる。その例を図4.23に示す[7]。親化合物に比較して，矢印で示した数箇所で構造改変が行われているのがわかる。

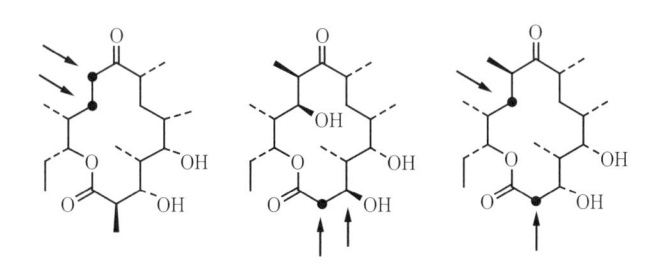

図4.23 遺伝子修飾によって得られたエリスロマイシンの誘導体
（矢印の部分で構造変化が起こっている）

これらの結果からわかることは，I型ポリケチドの場合，遺伝子の入替え，不活化などによって非常に多くの構造上の変化を起こさせることが可能であるということである。これを**組合せ生合成**（combinatorial biosynthesis）と呼

ぶ。これは人間の手で自然の産物の構造を（かなり）自由に変えることができることを意味しており，天然物化学にとっては画期的な技術である。

現在の技術では，ある化合物の生合成遺伝子クラスターを他の生物で発現することが可能になっている。図 4.24 に示すエポチロン D は抗がん剤として有望視されているが，生産菌が粘液細菌であるため，生育がきわめて遅く，培養に多くの日数がかかり，生産性が悪いという問題点がある。本化合物の生合成遺伝子を大腸菌に入れて発現することが実現しており，合成的手段よりも，安価に大量に生産できることが期待されている。なお，本化合物では，メチルチアゾールが出発単位となっている。

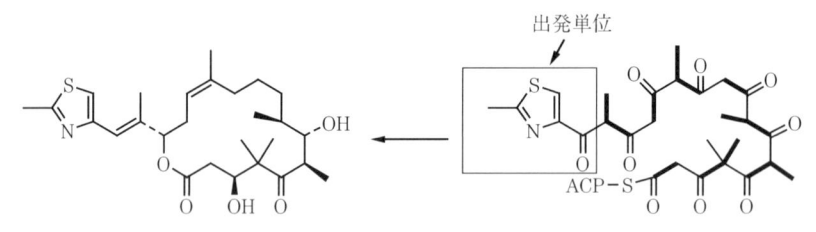

図 4.24　エポチロン D の生合成単位

4.5　ポリケチド化合物の骨格の特徴

最後にポリケチド化合物の骨格の特徴をまとめる。多少の例外はあるものの，ほとんどの化合物に当てはまるため，この規則は複雑な化合物の構造を覚えるのに有効である。エリスロマイシンの非糖部（アグリコン）の構造（図 4.8 参照）を書き直したもの（図 4.25）を参照すればこの規則がよく当てはまるのが理解できよう。

図 4.25　特徴がよくわかるように引き伸ばして書いた
　　　　　エリスロマイシンの構造

(1) メチル基などの分枝する位置は炭素骨格末端のカルボン酸から数えて偶数位の炭素である。
(2) 酸素官能基（水酸基，ケトン）は奇数位に存在する。
(3) 出発単位として利用されたアセチル基やプロピオニル基のアルキル部分は，メチル基やエチル基としてそのまま残っている場合が多い（エリスロマイシンの14位と15位の炭素）。
(4) 炭素骨格の末端はカルボン酸かその変化したものが多い（エリスロマイシンの1位炭素）。

引用・参考文献

1) Turner, W.B.：Fungal Metabolites, pp.74-213, Academic Press（1971）
2) Turner, W.B. and Aldridge, D.C.：Fungal Metabolites II, pp.55-223, Academic Press（1983）
3) Manitto, P.：Biosynthesis of Natural Products, pp.169-212, Ellis Horwood Ltd.（1981）
4) Minto, R.E. and Townsend, C.A.：Enzymology and molecular biology of aflatoxin biosynthesis, Chem. Rev., **97**, 7, pp.2537-2555（Nov. 1997）
5) 池田治生，大村 智：コンビナトリアル・バイオシンセシス―ポリケチド化合物を例として―, 蛋白質・核酸・酵素, **43**, 9, pp.1265-1277（1998-9）
6) Khosla, C and Zawada, R.J.X.：Generation of polyketide libraries via combinatorial biosynthesis, Trends Biotechnol., **14**, pp.335-341（1996）
7) McDaniel, R., Thamchaipenet, A., Gustafsson, C., Fu, H., Betlach, M. and Ashley G.：Multiple genetic modifications of the erythromycin polyketide synthase to produce a library of novel "unnatural" natural products, Proc. Natl. Acad. Sci. U. S. A., **96**, 5, pp.1846-1851（May. 1999）

5 テルペノイド

　本群に属する化合物は**テルペノイド**（terpenoid）（**テルペン**（terpene））、あるいは**イソプレノイド**（isoprenoid）とも呼ばれる。それはこの群の化合物が、図5.1に示すイソプレンが縮合した構造を有しているからである。イソプレンは太陽の光が当たっているときに植物から放出されるが、その量は膨大なものといわれている。その機能は不明であるが、強い紫外線から植物を保護しているとの説がある。

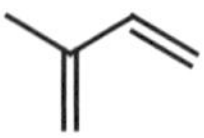

図5.1　イソプレンの構造

　テルペノイドの数は、24 000以上といわれており、図5.2に示す副腎皮質ホルモン（コルチゾン）、性ホルモン（エストロン、テストステロン）、ビタミンA, D, E, カロテノイドなど人間生活にとって重要な化合物が含まれる。その他香料や色素、種々の生物活性を有する化合物が知られている[1]。
　図5.2のエストロンは炭素骨格形成後に種々の転位反応、閉環反応、炭素

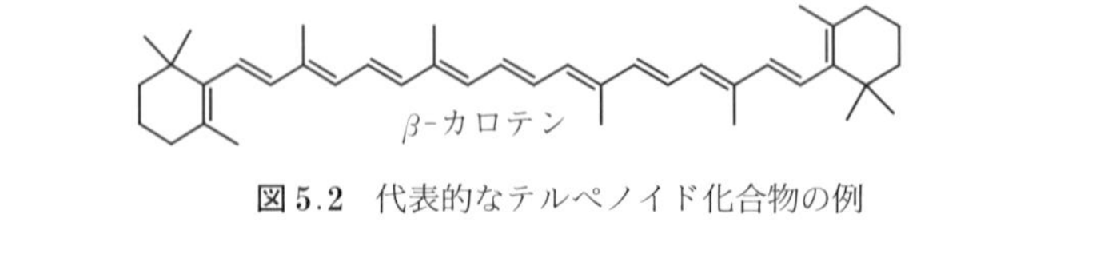

図5.2　代表的なテルペノイド化合物の例

の脱離反応などの多くの修飾反応を受けるため，本群化合物の特徴を見出しにくいが，その他の化合物については，四級炭素に結合したメチル基が多いことが一目でわかる。このような特徴は，テルペノイドが特定の化合物の縮合によって生成するためであって，この規則をイソプレン則という[1)~4)]。

5.1 イソプレン則

テルペノイドは**イソペンテニル二リン酸**（isopentenyl diphosphate，**IPP**）と**ジメチルアリル二リン酸**（dimethylally diphosphate，**DMAPP**）というC_5骨格を有する出発物質（**図5.3**）が head to tail でたがいに結合して生成するため，イソプレン単位の倍数体としてみなすことができる。DMAPP は IPP イソメラーゼによって IPP から生合成される。両化合物は括弧内に示すように略記されることが多い。なお，これら両化合物は，生化学領域では**ジメチルアリルピロリン酸**（dimethylallyl pyrophosphate），**イソペンテニルピロリン酸**（isopentenyl pyrophosphate）と呼ばれる。

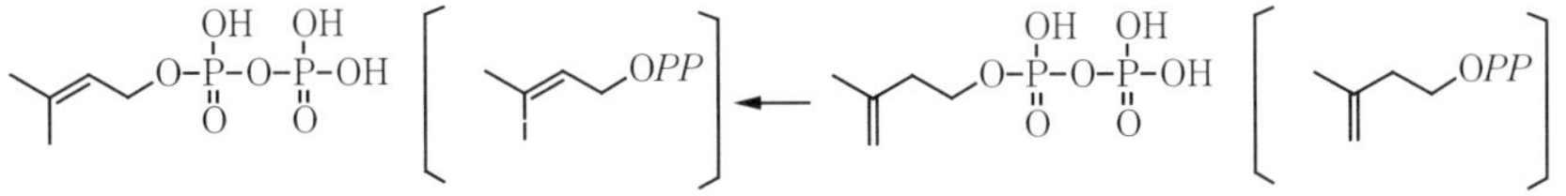

ジメチルアリル二リン酸
（DMAPP）

イソペンテニル二リン酸
（IPP）

図5.3　テルペノイド生合成の出発物質であるイソペンテニル二リン酸とジメチルアリル二リン酸（〔　〕内は省略型を表示する）

引き続いて IPP が結合する同じ反応が繰り返され，炭素骨格の伸長反応が起こる。この縮合反応を司る酵素は，**プレニル基転移酵素**（prenyl transferase）と呼ばれる。**図5.4**はさらに**図5.5**のように略記され，二リン酸部分は *PP* で表される。以後本書ではこのスタイルを採用する。

代表的なテルペン化合物である β-カロテンの骨格は，**図5.6**のようにC_5単位が4個縮合したC_{20}単位が左右対称になるように結合したと考えることが可能である。なお，この縮合反応が繰り返されると，**図5.7**に示すようにC_{20}，C_{25}，C_{30}，C_{40}など5の倍数の炭素数をもった化合物ができ，それらがさらに

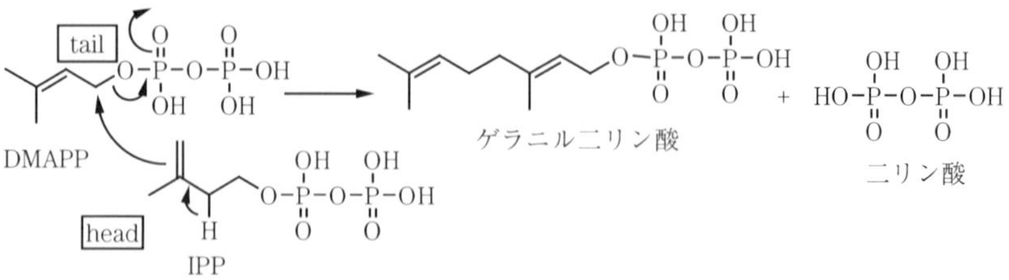

48　5. テルペノイド

図5.4　イソプレン鎖の伸長反応

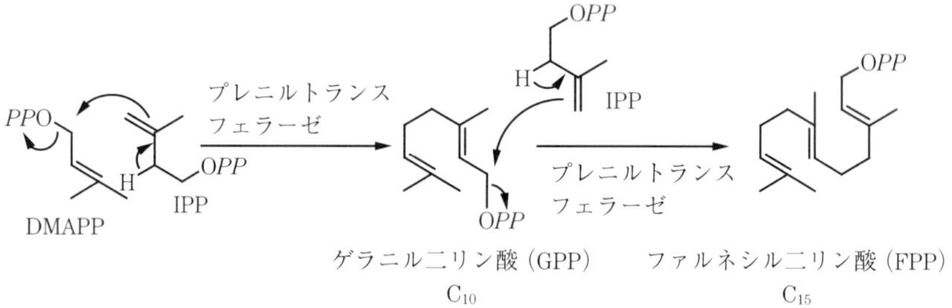

図5.5　略記したイソプレン鎖の伸長反応

同じ構造を有するC_{20}単位がここで縮合する

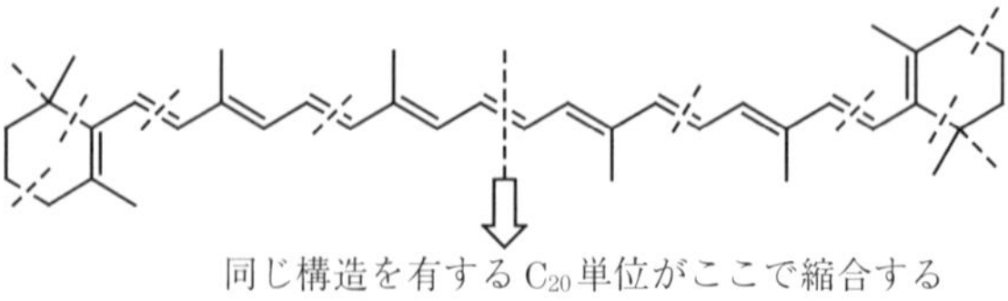

図5.6　β-カロテンの骨格構成単位

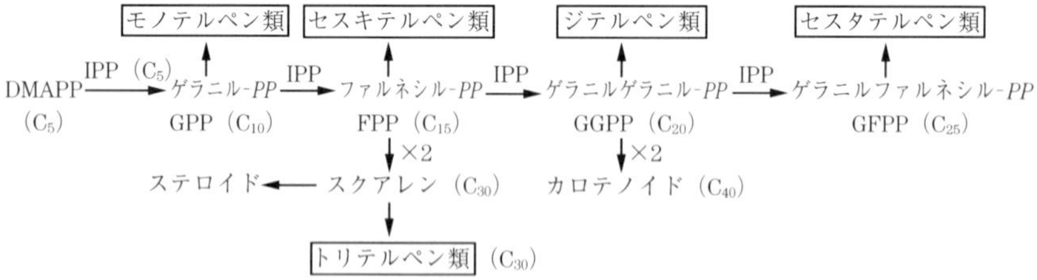

図5.7　C5単位によるテルペン類の分類

変換を受けて，多種多様な化合物が生成される．これら化合物のうち，セスタテルペン類は例外的にその数がきわめて少ない．トリテルペン類については次章の後半で説明する．

5.2　C$_5$ 出発物質の生合成

出発物質の IPP と DMAPP の生合成経路としてつぎの 2 種類が知られており，その分布はつぎのようになっている．

(1)　**メバロン酸経路**（mevalonate pathway）

　　動物，カビ，酵母，植物の細胞質，古細菌，一部の真正細菌．

(2)　**メチルエリトリトールリン酸経路**（methylerythritol phosphate pathway, MEP pathway, **MEP 経路**）

　　近年発見された経路で**非メバロン酸経路**（nonmevalonate pathway）とも呼ばれる．

　　植物の葉緑体，緑藻，藍藻，ほとんどの真正細菌．

この二つの経路の分布を生物進化の観点から見ると，メバロン酸経路はより進化した生物に，MEP 経路は進化していない生物および光合成をする生物のみに存在していることがわかる．その理由については後で考察する．なお，古細菌はその名称から誤解されやすいが，進化的には真正細菌よりも進化した生物と考えられている．

5.3　メバロン酸経路

この経路では，図 5.8 に示すように出発物質であるアセチル CoA が 2 分子縮合して，ポリケチド生合成の場合と同様にアセトアセチル CoA が生成する．つぎにもう 1 分子のアセチル CoA が HMG CoA シンターゼにより縮合して，分枝した C$_6$ 化合物である 3-ヒドロキシ-3-メチルグルタリル CoA（HMG CoA）となる．次いで HMG CoA レダクターゼの作用で，メバロン酸が生成する．この化合物は，ラクトン型のメバロノラクトンと平衡関係にある．次いでメバロン酸はメバロン酸キナーゼおよびホスホメバロン酸キナーゼによる 2 回のリン酸化を受けて 5-ジホスホメバロン酸となり，最後にジホスホメバロン酸デカルボキシラーゼによる脱炭酸を受けてイソペンテニル二リン酸（IPP）となる．IPP は IPP イソメラーゼにより，ジメチルアリル二リン

5. テルペノイド

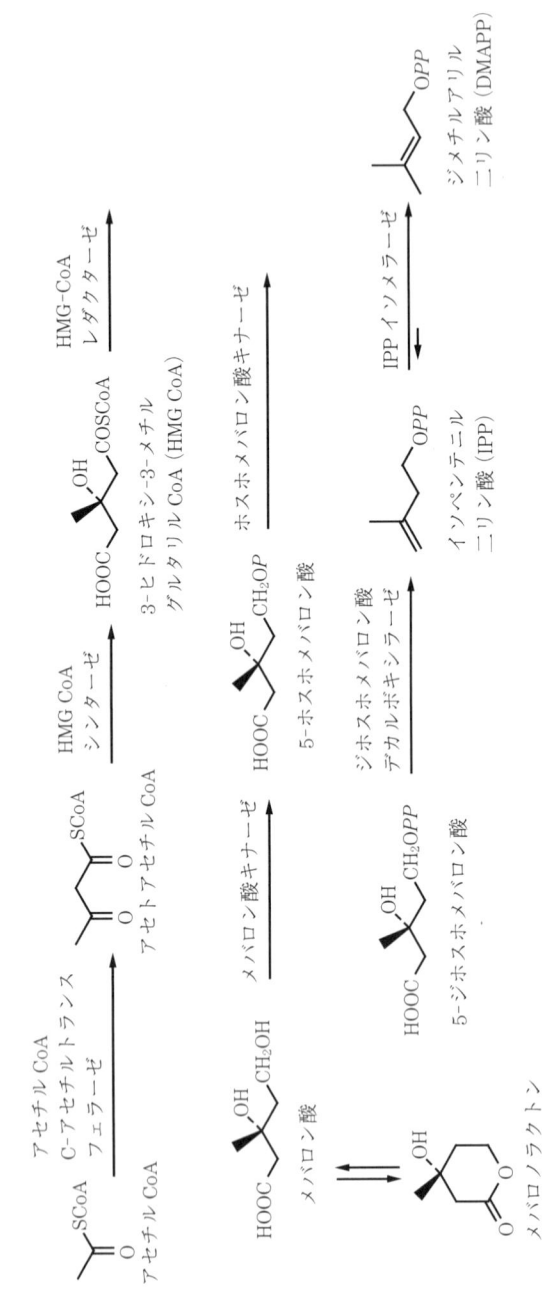

図5.8 メバロン酸経路（リン酸部分は P で表してある）

5.4 MEP 経路（非メバロン酸経路）

酸（DMAPP）に変換される。

なお，メバロン酸はほぼ同時期に日本でも発見され，火落酸と呼ばれていた。火落とは滅菌した清酒が白濁，酸敗する現象であり，乳酸菌の一種 *Lactobacillus homohiochii* が清酒中に混入するために発生する。この菌は清酒中の成分であるメバロン酸を生育必須因子として要求する。

メバロン酸経路の阻害剤として，プラバスタチン（メバロチン）が知られている[5]。この化合物は HMG-CoA レダクターゼを阻害するが，その理由は図 5.9 に示すように，構造の一部がメバロノラクトンに類似しているためである。この阻害剤の詳細については，11.4.1 項〔1〕で説明する。

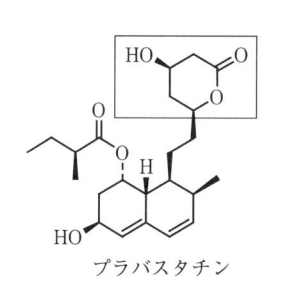

図 5.9 メバロン酸経路の鍵酵素 HMG-CoA レダクターゼの基質（メバロノラクトン）とその阻害剤プラバスタチン

5.4 MEP 経路（非メバロン酸経路）

5.4.1 MEP 経路の発見の経緯

MEP 経路はごく最近解明された経路であり，その解説書も少ないため詳細に説明する。メバロン酸経路が解明された 1960 年代以降，すべての生物は IPP および DMAPP をメバロン酸経路のみで生合成すると信じられていた。しかし，1970 年代以降メバロン酸経路では説明できないつぎのような異常な現象が見出された。

(1) 大腸菌において，酢酸は脂肪酸へよく取り込まれたが，ユビキノン（コエンザイム Q，図 5.10，7.5 節 参照）には取り込まれなかった。本化合物の側鎖は，構造的に明らかにテルペノイドに属するものであり，当然酢酸もメバロン酸経路経由でこの側鎖に取り込まれるはずと考えられた。

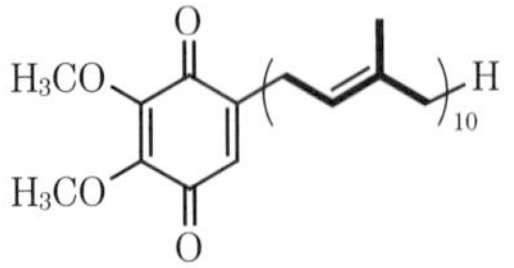

図 5.10 コエンザイム Q_{10} の構造

(2) 大腸菌の生育は，メバロン酸経路阻害剤によって影響を受けなかった。メバロン酸経路が阻害されれば，生育必須因子（例えばユビキノン）が合成できなくなり，生育不能となるはずである。

(3) 放線菌が生産する抗生物質であるペンタレノラクトン（**図 5.11**）に酢酸もメバロン酸も取り込まれなかった。なお，この化合物は構造から明らかに C_{15} からなるセスキテルペンであり，2章で説明した図 2.2 の経路（かなり簡略化してある）で生合成されると考えるのが妥当である。

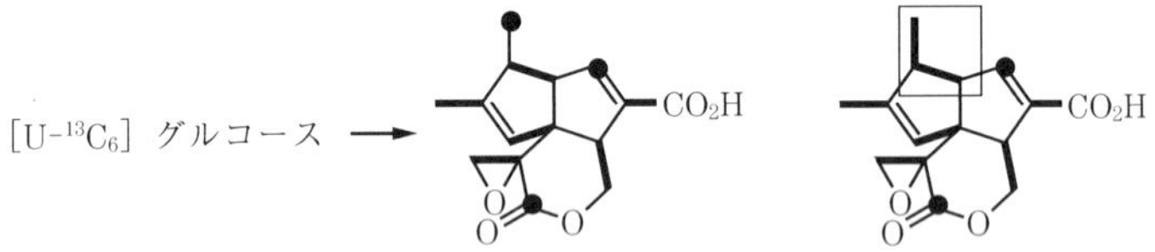

図 5.11 [U-$^{13}C_6$] グルコースのペンタレノラクトンへの取込み

(4) [U-$^{13}C_6$] グルコースのペンタレノラクトンへの取込みに図 5.11 に示すように異常が見られた†。

もし [U-$^{13}C_6$] グルコースが酢酸へ代謝され，その酢酸がアセチル CoA に変換後メバロン酸経路により IPP に変換されるとしたら，IPP の標識パターンは**図 5.12** のようになり，この IPP が縮合したペンタレノラクトンは図 5.11 のような予想標識パターンを示すはずである。しかしながら，得られた標識パターンは，図 5.11 の右側に示すようなものであった。注目すべきは，四角の枠内で示した3個の炭素が，<u>同一のユニット</u>としてグルコースから由来していることである。この実験事実は，2個の炭素からなる酢酸を出発物質とするメバロン酸経路では説明することができなかった。

---

† [U-$^{13}C_6$] グルコースは，グルコース分子中の6個の炭素が一律（uniformly）に ^{13}C で標識されていることを示す。

5.4 MEP 経路（非メバロン酸経路）

図 5.12 グルコースが酢酸を経由して IPP へ取り込まれる場合の標識パターン（黒丸印の炭素はスピン結合を示さない）

このような，メバロン酸経路では説明のつかない実験事実が蓄積しつつあった 1990 年代半ばにおいて，フランスの Rohmer がメバロン酸経路とは異なる別経路（図 5.13）を提唱した[6]。

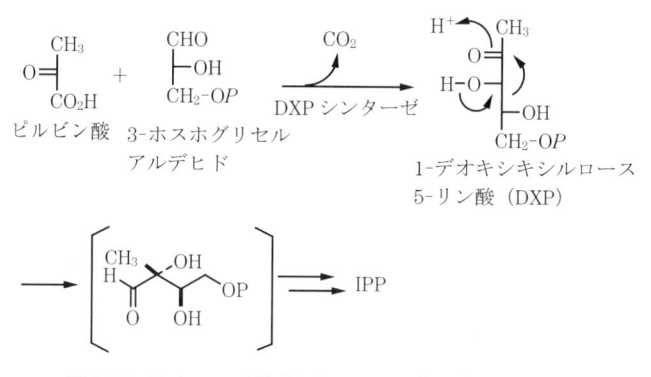

図 5.13 Rohmer が提唱したメバロン酸に代わる新経路

この経路では，出発物質はピルビン酸とグリセルアルデヒド 3-リン酸であり，中間体として炭素 5 個からなる直鎖のデオキシ糖リン酸（1-デオキシキシルロース 5-リン酸）を経由し，転位反応により分枝した化合物が生成する。したがってこの経路では酢酸やメバロン酸はまったく利用されない。この新経路はその中間体の構造にちなんで，のちに MEP（methylerythritol phosphate，メチルエリトリトールリン酸）経路と命名された。なお以前この経路

は非メバロン酸経路と呼ばれていた。この経路により，それまでの異常な結果はすべて矛盾なく説明できることになった。

5.4.2 MEP 経路の解明

この新経路の提唱後，突然変異株や遺伝子情報の利用など分子生物学的手法が駆使され，短期間のうちに中間体の構造，関連する酵素，遺伝子の全貌が明

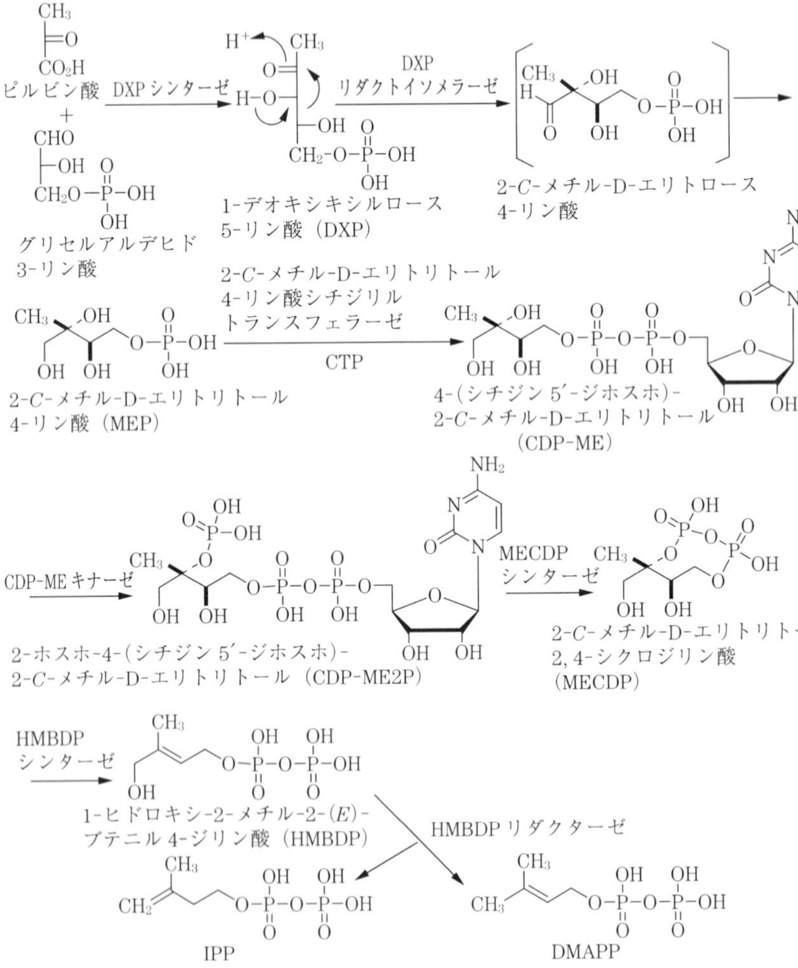

図5.14 MEP 経路

らかにされた[7]~[9]。その経路を**図5.14**に示す。

この経路では，まずピルビン酸とグリセルアルデヒド 3-リン酸がDXPシンターゼにより縮合し，1-デオキシキシルロース 5-リン酸（1-deoxyxylurose 5-phosphate, DXP）が生成する。次いで，DXP リダクトイソメラーゼによって，分子内転位を経て 2-*C*-メチル-D-エリトリトール 4-リン酸（2-*C*-methyl-D-erythritol 4-phosphate, MEP）となる。なおこの反応の中間体として 2-*C*-メチル-D-エリトロース 4-リン酸（2-*C*-methyl-D-erythrose 4-phosphate）が想定されているが，実験的には証明されていない。この中間体は生成後，酵素から分離することなく，ただちに還元されてMEPに変換されるものと考えられている。次いでMEPは，CTPと反応して4-(シチジン 5′-ジホスホ)-2-*C*-メチル-D-エリトリトール（4-(cytidine 5′-diphospho)-2-*C*-methyl-D-erythritol, CDP-ME）に変換される。その後エリトリトール部分のリン酸化が起こり，2-ホスホ-4-(シチジン 5′-ジホスホ)-2-*C*-メチル-D-エリトリトール（2-phospho-4-(cytidine 5′-diphospho)-2-*C*-methyl-D-erythritol, CDP-ME2P）に変化する。これがつぎに 2-*C*-メチル-D-エリトリトール 2,4-シクロジリン酸（2-*C*-methyl-D-erythritol 2,4-cyclodiphosphate, MECDP）に変換される。この反応はきわめてユニークで他に例を見ないものである。次いでこの環状リン酸化合物が 1-ヒドロキシ-2-メチル-2-(E)-ブテニル 4-ジリン酸（1-hydroxy-2-methyl-2-(E)-butenyl 4-diphosphate, HMBDP）に変換される。この化合物は最終段階で，DMAPPとIPPに同一酵素によって変換される。メバロン酸経路の場合，最終段階で生成するのはIPPのみであり，これが別の酵素IPPイソメラーゼによってDMAPPに変換される。したがってこの点でも両経路は大きく異なっている。

なお，MEP経路の初期中間体であるデオキシキシルロースは，ビタミンB_2とビタミンB_6の生合成中間体でもある（**図5.15**）。したがってMEP経路固有の最初の化合物は 2-*C*-メチル-D-エリトリトール 4-リン酸と考えるのが妥当である。

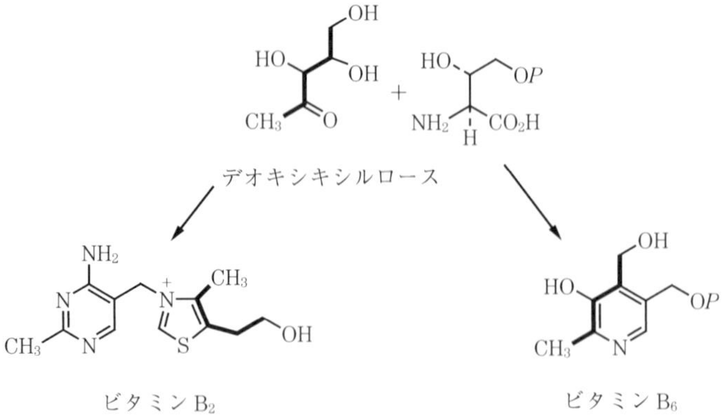

図 5.15 デオキシキシルロースのビタミン B_2 および B_6 への取込み

5.5 MEP経路とメバロン酸経路の分布

　両経路の分布と生物の分類とは大きな関係がある。メバロン酸経路は，動物，真菌，酵母，植物の細胞質，古細菌などの進化した生物に存在する。一方，MEP経路は枯草菌や大腸菌をその代表とする真正細菌，シアノバクテリア，緑藻，植物の色素体（葉緑体）などの光合成をする生物や器官に存在する。高等植物の色素体は，シアノバクテリアのような原核光合成生物が細胞内に共生したものであると考えられている。したがって，MEP経路は，進化の進んでいない微生物や光合成能を有する生物や器官にのみ存在していることになる。
　MEP経路の最終2段階の反応は，通常の好気的条件下ではまったく進行せず，還元剤を要求する[10]。このことは，MEP経路が地球がまだ嫌気的な状態にあったときに出現したことを示唆していると考えることができるかもしれない。またMEP経路が光合成系を保持する生物に存在することは，出発物質の入手のしやすさを考慮すれば合理的と考えられる。無限にある空気中の炭酸ガスを光合成によって利用できる生物にとっては，メバロン酸経路よりもMEP経路を採用するほうが有利なはずだからである。一方光合成能のない生物にとって，グルコース，あるいはその分解物であるピルビン酸やグリセルアルデヒド3-リン酸よりも，より簡単な酢酸を出発物質として利用するほうが有利で

あると考えられる。なお，真正細菌の中にあって，腸内細菌である *Staphylococcus*, *Enterococcus*, *Streptococcus* 属細菌だけは，例外的にメバロン酸経路を利用している。

5.6 MEP 経路の阻害剤の発見

MEP 経路はヒトには存在しないため，この経路の阻害剤はヒトには無毒で，細菌のみに活性を示す薬剤となることが期待される。植物の葉緑体もMEP 経路を利用しているので，除草剤開発のターゲットにもなる。またマラリアの病原体である *Plasmodium falciparum* も MEP 経路を利用しているため，年間死者約 200 万人といわれているマラリアの特効薬となる可能性もある。

MEP 経路の特異的阻害剤として，既知抗生物質である**ホスミドマイシン**（fosmidomycin）が再発見されたが，その経緯はつぎのとおりである。MEP 経路の阻害剤は，当然抗菌活性を示すはずであり，抗菌抗生物質の一つとしてすでに報告されている可能性が大きい。しかしこれまで膨大な数が発見されている抗生物質の中から，単なる抗菌活性を指標として MEP 経路の阻害剤を見出すのは困難である。しかし MEP 経路の阻害剤は，通常の抗生物質と異なり特異的な抗菌活性パターンを示すことが予測された。抗生物質は，グラム陽性菌には強い抗菌活性を示すが，グラム陰性菌には活性を示さないものが多い（11.1.2 項 参照）。しかし MEP 経路の阻害剤は，グラム陰性菌である大腸菌に活性を示すが，MEP 経路をもっていないグラム陽性菌である *Staphylococcus* 属細菌には活性を示さないはずである。このような抗菌活性を示す化合物は，ほとんど知られておらず，この特徴をキーとして検索することにより，既知抗生物質であるホスミドマイシンが再発見された。

図 5.16 に示すように，この抗生物質は DXP レダクトイソメラーゼの反応中間体と考えられている 2-*C*-メチル-D-エリトロース 4-リン酸と構造が酷似している。この構造上の類似性から期待されるように，ホスミドマイシンは DXP レダクトイソメラーゼに対して強い阻害活性を示した。

ホスミドマイシンは，2-*C*-メチル-D-エリトロース 4-リン酸の化学的に反

ホスミドマイシン　　　DXPリダクトイソメラーゼの反応中間体
　　　　　　　　　　　　（2-*C*-メチル-D-エリトロース 4-リン酸）

図 5.16　ホスミドマイシンと 2-*C*-メチル-D-エリトロース
　　　　　4-リン酸の構造の比較

応性の高いアルデヒド基がアミド基に変換され，また加水分解されやすいリン酸エステルが化学的に安定なホスホン酸に変換されている。このためホスミドマイシンは優れた安定性を有する抗生物質として，強い抗菌活性を示す。これは自然が行った優れたドラッグデザインの一例といえよう。

5.7　テルペノイド生合成反応

　テルペン系化合物はきわめて多様性に富み，特に環構造を有するものは複雑な反応を経て生合成されるが，その生成機構はいくつかの基本的な反応により説明される。

（a）　**反応の開始**

　　反応は図 5.17 に示すように，（1）リン酸の脱離（加溶媒分解），（2）二重結合へのプロトン化，（3）エポキシドの開環によるカルボニウムイオンの生成，のいずれかによってスタートする。

（b）　**カルボカチオンの転位反応**

　　生成したカルボカチオンは，つぎに述べる脱プロトン化，あるいは OH^- イオンの付加で中和されて反応を終わるものもあるが，環状中間体が生成される場合は，複雑な転位反応を行う場合が多い。この場合にはワグナー・メアワイン転位（1,2-シフト）またはヒドリドシフト（1,3-，1,4-，および 1,5-シフトなど）が進行する。

　　ワグナー・メアワイン転位（Wagner–Meerwein rearrangement）とは，メチル基などの炭素-炭素が結合電子を伴って転位する反応であり，炭素骨格の組換えが起こる。これがテルペノイドの構造の多様性を生む

(1) リン酸基の脱離

cis, trans-ファルネシル二リン酸 → ビサボリルカチオン

(2) 二重結合へのプロトンの攻撃

trans, trans-ファルネシル二リン酸 → → ドリメノール

(3) エポキシドの開環

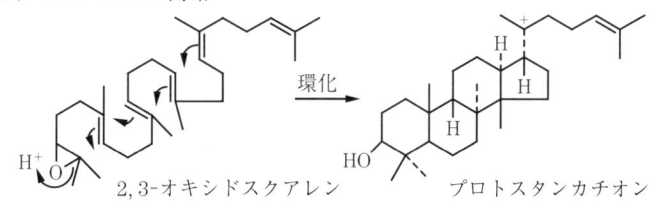

2,3-オキシドスクアレン → プロトスタンカチオン

図5.17 テルペノイドの環形成反応の開始機構

原因となっている。また**ヒドリドシフト**（hydride shift）は水素原子が結合電子を伴って転位する反応であり，多段階の反応が一挙に進行することが多い。これを**協奏反応**（concerted reaction）と呼ぶ。図5.18にプロトスタンカチオンからラノステロールが生成する反応を示したが，この場合立体化学が厳密にコントロールされて進行している[1), 4)]ことに注意する必要がある。例えば，環の α 側（裏側）にある水素やメチル基は，移動後にも α 側に配向していることがわかる。

(c) **反応の終了**

一連の反応は，脱プロトン化，あるいは OH^- イオンの付加によりカルボカチオンが中和されて終了する。この様式の違いによっても構造の

図 5.18　ヒドリドシフトとワグナー・メアワイン転位（W.M.転位）を伴う協奏反応

多様性が生ずる。例えば，図 5.19 の場合，ファルネシル二リン酸からのリン酸の脱離，環化反応に続いて，脱プロトン化が起これ ばゲルマクレンが，OH⁻ イオンの付加が起これ ばヘジカリオールが生成する。

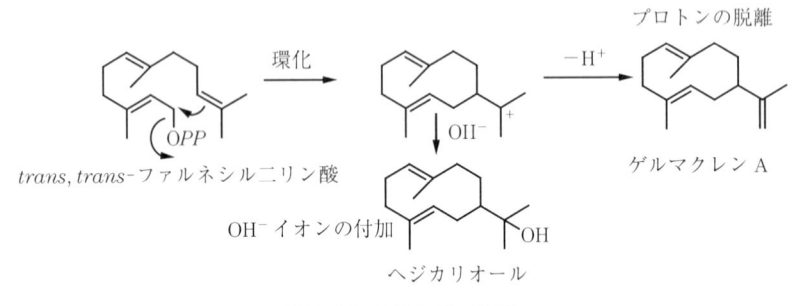

図 5.19　反応の終了機構

〔1〕 テルペノイド骨格の閉環様式の考え方

テルペンは炭素骨格の転位反応を経由して生成されるものが多いため，その構造が複雑になり，一見してどのような出発物質に由来するのか判断に苦しむ場合がある。そのような場合，以下のことを考慮すると出発物質および途中の反応を推測することが容易になる。

(1) まずジメチル基を探す。見つかれば，そこをスタート位置として考え

る。**図 5.20** に示すメントールの場合のように，容易にその位置が見つかる場合が多い。ペンタレノラクトンの場合のように，見つからないときは，1,2-シフトを考えてみる。隣り合った位置にメチル基が存在する場合は，まず転位反応が起こっていると考えて間違いはない。

（a） メチル基の転位はない　　　　（b） 転位反応が起こっている

図 5.20　テルペノイドの骨格形成

(2) OH 基や二重結合が見つかった場合，その位置で反応が終結している可能性が大きいと考えられる。これは中間体であるカルボカチオンが，

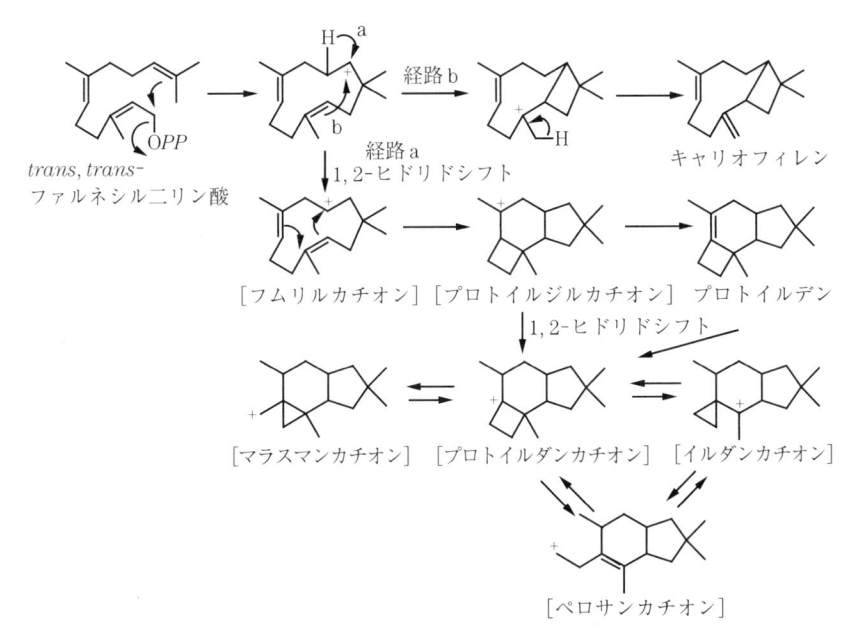

図 5.21　構造の多様性を生じるテルペノイドの骨格形成反応

脱プロトン化による二重結合の形成，あるいは OH^- イオンの付加で反応が終了するためである。

〔2〕 **テルペノイド化合物の数が多い理由**

テルペノイド化合物は，他のグループの化合物ではほとんど見られない特徴的な炭素骨格の組換え反応を経由して生成されることが多い。例えば図 5.21 に示す *trans,trans*-ファルネシル二リン酸は，リン酸基の脱離後に起こる種々の閉環様式，ヒドリドシフトなどに依存して，構造の異なる多様なカルボカチオンに変換され，次いでこれらは脱プロトン化あるいは OH^- イオンの付加によって最終産物に変換される。

5.8 代表的なテルペン化合物

前述したように，テルペン化合物はわれわれの生活に密着し，われわれの生活を豊かにしてくれるものが多い。その代表的なものは，果物や花などの香りであり，これらはモノテルペンあるいはセスキテルペンに属するものが多い。ジテルペンなどの分子量の大きいものは，揮発性が乏しくなり芳香を示さなくなる。代表的な香りの成分とその起源を 図5.22 にまとめた。なお，これらの

[モノテルペン]

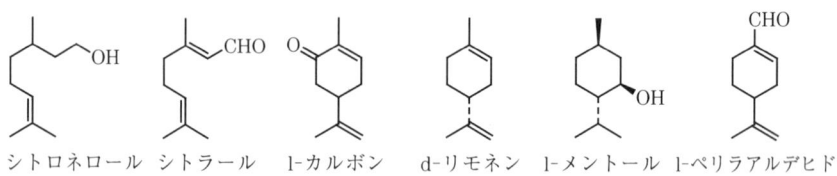

シトロネロール　　シトラール　　l-カルボン　　d-リモネン　　l-メントール　　l-ペリラアルデヒド
（レモン）　　　（レモン）　（スペアミント）　（オレンジ）　（ペパーミント）　　（シソ）

[セスキテルペン]

ファルネソール　　　　β-イオノン　　　　d-ヌートカトン
（レモングラス）　　　（スミレ）　　　（グレープフルーツ）

図 5.22　芳香を示すテルペン化合物（括弧内は含有する植物名を示す）

5.8 代表的なテルペン化合物

[モノテルペン]

カンファー
(ショウノウ)

イソイリドミルメシン
(マタタビ)

ピレスリン I
(除虫菊の殺虫成分)

[セスキテルペン]

JH III
(昆虫の幼若ホルモン)

イポメアマロン
(サツマイモのファイトアレキシン)

ペリプラノン B
(ワモンゴキブリの
性フェロモン)

α-サントニン
(回虫駆薬)

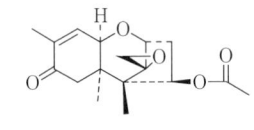

トリコデルミン
(抗カビ物質)

[ジテルペン]

ジベレリン A_1
(植物ホルモン)

メナキノン 4
(ビタミン K_2)

タキソール
(抗がん剤)

図 5.23 他の生物活性を示すテルペン化合物

化合物は表記した以外の他の植物からも得られているものが多い[1]。

その他の活性を示すテルペン化合物を図5.23に示す。一見してIPPからの縮合様式がわかるものから，複雑な転移や炭素の脱離を伴って生合成されるため縮合様式のわかりにくいもの（トリコテシンやジベレリン），多くの置換基が結合して構造が複雑化したもの（タキソール）など構造の多様性に富むことがわかる。

引用・参考文献

1) 田中　治，野副重男，相見則郎，永井正博　編：天然物化学，改訂第5版，pp. 95-143，南光堂（1998）
2) Turner, W.B.：Fungal Metabolites, pp.214-279, Academic Press（1971）
3) Turner, W.B. and Aldridge, D.C.：Fungal Metabolites II, pp.225-366, Academic Press（1983）
4) Goodwin, T.W.（Ed.）：Aspects of Terpenoid Chemistry and Biochemistry, Academic Press（1971）
5) 辻田代史雄：高脂血症治療薬メバロチン，循環器専門医，**8**, 1, pp.143-150（2000-1）
6) Rohmer, M., Knani, M., Simonin, P., Sutter, B. and Sahm, H.：Isoprenoid biosynthesis in bacteria：a novel pathway for the early steps leading to isoprenoid diphosphate, Biochem. J., **295**（Pt. 2）, pp.517-524（Oct. 1993）
7) Kuzuyama, T. and Seto, H.：Diversity of the biosynthesis of the isoprene units, Natural Products Res., **20**, 2, pp.171-183（Apr. 2003）
8) Eisenreich, W., Bachera, A., Arigoni, D. and Rohdich, F.：Biosynthesis of isoprenoids via the non-mevalonate pathway, Cell. Mol. Life Sci., **61**, 12, pp.1401-1426（Jun. 2004）
9) Rohmer, M.：Mevalonate-independent methylerythritol phosphate pathway for isoprenoid biosynthesis. Elucidation and distribution, Pure Appl. Chem., **75**, 2, pp. 375-387（Feb. 2003）
10) Puan, K.J., Wang, H., Dairi, T., Kuzuyama, T. and Morita, C.T.：*fldA* is an essential gene required in the 2-C-methyl-D-erythritol 4-phosphate pathway for isoprenoid biosynthesis, FEBS Lett., **579**, 17, pp.3802-3806（Jul. 2005）

6 トリテルペンとステロイド

　トリテルペン（triterpene）および**ステロイド**（steroid）は共に C_{30} 骨格を有するスクアレンから生合成される化合物である[1~4]。本質的には前章で説明したテルペン類と変わりはないが，ステロイドは生合成機構，生物活性などが異なるため，別グループの化合物として取り扱われている。通常トリテルペンはテルペン類として扱われるが，本書では構造的に類似しているステロイドと一緒に本章で説明する。トリテルペンは植物，ステロイドは動物および植物に分布している。両者は**図 6.1**に示すように構造的にきわめて類似している。一見してわかる違いは，トリテルペンに存在する4位のジメチル基がステロイドには存在しないこと，またステロイドに存在するメチル基の数が少ないことである。またテトラヒマノールには6員環が5個存在するなどの特徴が見出される。

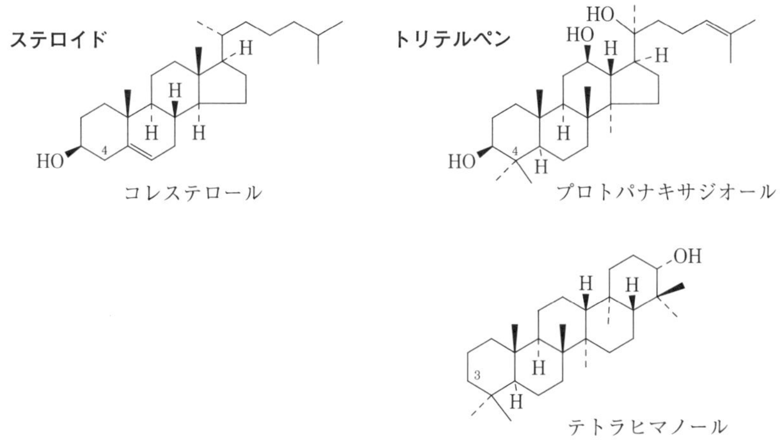

図 6.1　ステロイドとトリテルペンの構造の比較

6. トリテルペンとステロイド

6.1 ステロイドとトリテルペンの骨格の生成

　テルペン類が DMAPP と IPP の head to tail 型の縮合により炭素骨格が生成されるのに対して，この群の化合物は左右対称のスクアレンを経由して生合成される。スクアレンは，図 6.2 に示すように 2 分子のファルネシル二リン酸（FPP）の縮合により生成する。スクアレン以後の反応には 2 種類あり，2 位の二重結合へのプロトンの付加によって始まる閉環反応を受けてトリテルペンに変換される場合と，2 位への酸素付加による 2,3-スクアレンオキシド（2,3-オキシドスクアレンとも呼ばれる）を経由してトリテルペンあるいはステロイドに変換される場合がある。後者の場合（通常こちらの場合が多い），必ず 3 位に水酸基が存在するのに対して，前者の場合は 3 位はメチレンとなる。

　スクアレンオキシドの閉環反応は，2,3-スクアレンオキシド環化酵素によって進行するが，図 6.3 に示すように"いす-舟-いす-舟型（chair-boat-chair-

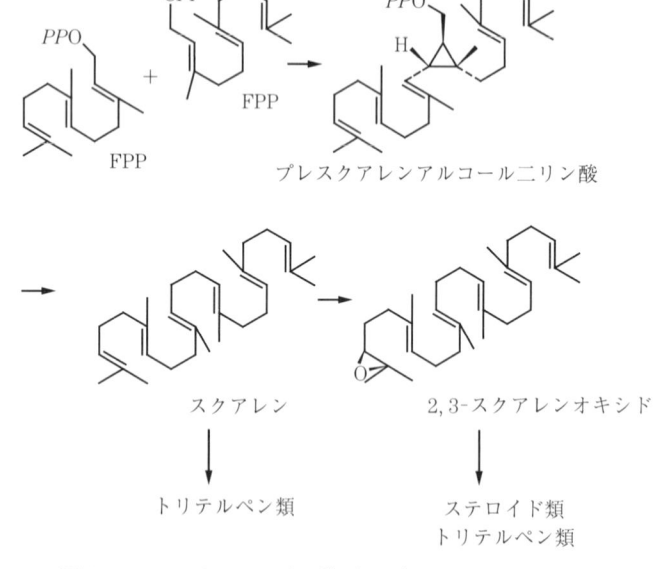

図 6.2　ファルネシル二リン酸（FPP）から 2,3-スクアレンオキシドへの生合成経路

6.1 ステロイドとトリテルペンの骨格の生成

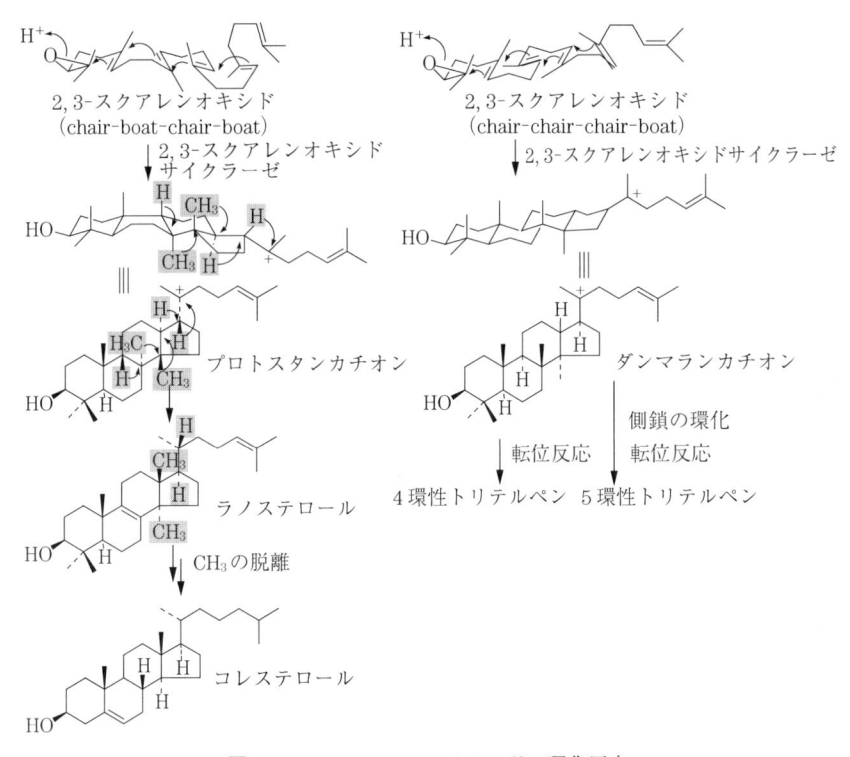

図 6.3 2,3-スクアレンオキシドの環化反応

boat)" を経てステロイドが生成する場合と，"いす-いす-いす-舟型（chair-chair-chair-boat)" を経てトリテルペンが生成する場合の 2 通りに分類される[1~4]。ヒドリドシフトや CH_3 アニオンのワグナー・メアワイン転位を伴う**協奏的閉環反応**（concerted cyclization reaction）によって一挙に進行する。この場合，ヒドリドや CH_3 アニオンが移動した後には，隣接する炭素に結合した置換基（H や CH_3）のうち，環の反対側にある置換基が移動してくる（図 6.3 の灰色で塗った H と CH_3 に注目のこと）。したがってこの反応では立体化学が厳密に制御されて進行する。注目すべきはこの一連の閉環反応が一つの酵素によって触媒されることである。直鎖状のスクアレンから 4 環性の化合物へのこの変換は，生物が行う最も複雑かつ芸術的な化学反応の一例である。

ステロイド骨格の生成に際しては，3 個のメチル基が除去されるが，この反

応は図 6.4 に示すように除去されるメチル炭素の酸化，脱炭酸によって進行する。一方トリテルペンでは，4 位の *gem*-ジメチル基はそのまま保持される（図 6.1 参照）。

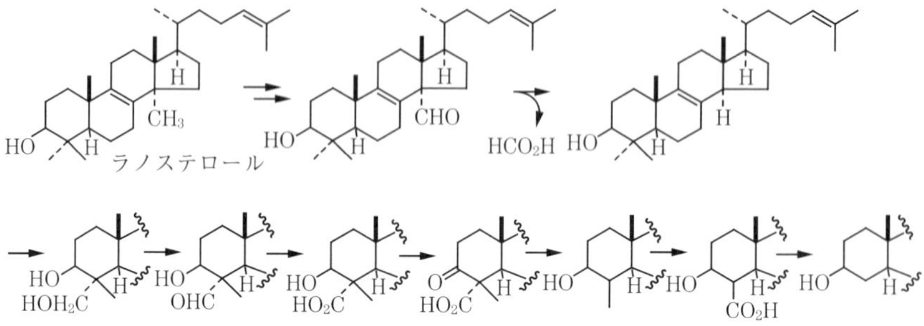

図 6.4 ラノステロールからのメチル基の除去反応

6.2 代表的なステロイド

6.2.1 動物に存在するステロール

コレステロール（cholesterol）は脊椎動物の代表的**ステロール**（sterol）であり，遊離，あるいは脂肪酸エステルとしてほとんどの細胞中に存在する。動物ではステロイドホルモンの前駆体となる。植物では微量に存在し，植物ホルモンであるブラシノライドなどのステロイド系二次代謝産物の前駆体となる。

コレステロールから，動物の性ホルモンを生成する経路を図 6.5 に示す。まず C_{20-22} リアーゼにより，側鎖が切断され C_{21} 骨格を有するプログネノロンに変換される。これが酸化反応，C_{17}-C_{20} 結合の切断を経て，C_{19} 骨格を有する男性ホルモンであるアンドロステンジオンに変換される（ここまでの変換にはプロゲステロンを経由する経路とデヒドロアンドロステロンを経由する経路がある）。続いて C_{17} 位の還元反応によって，より活性の強いテストステロンや $5α$-ジヒドロテストステロンに変換される。

アンドロステンジオンや**テストステロン**（testosterone）は A 環の芳香化によって女性ホルモンであるエストロンや，より作用の強力なエストラジオールに変換される。女性ホルモンはいずれも芳香環化した A 環を有するのが特徴

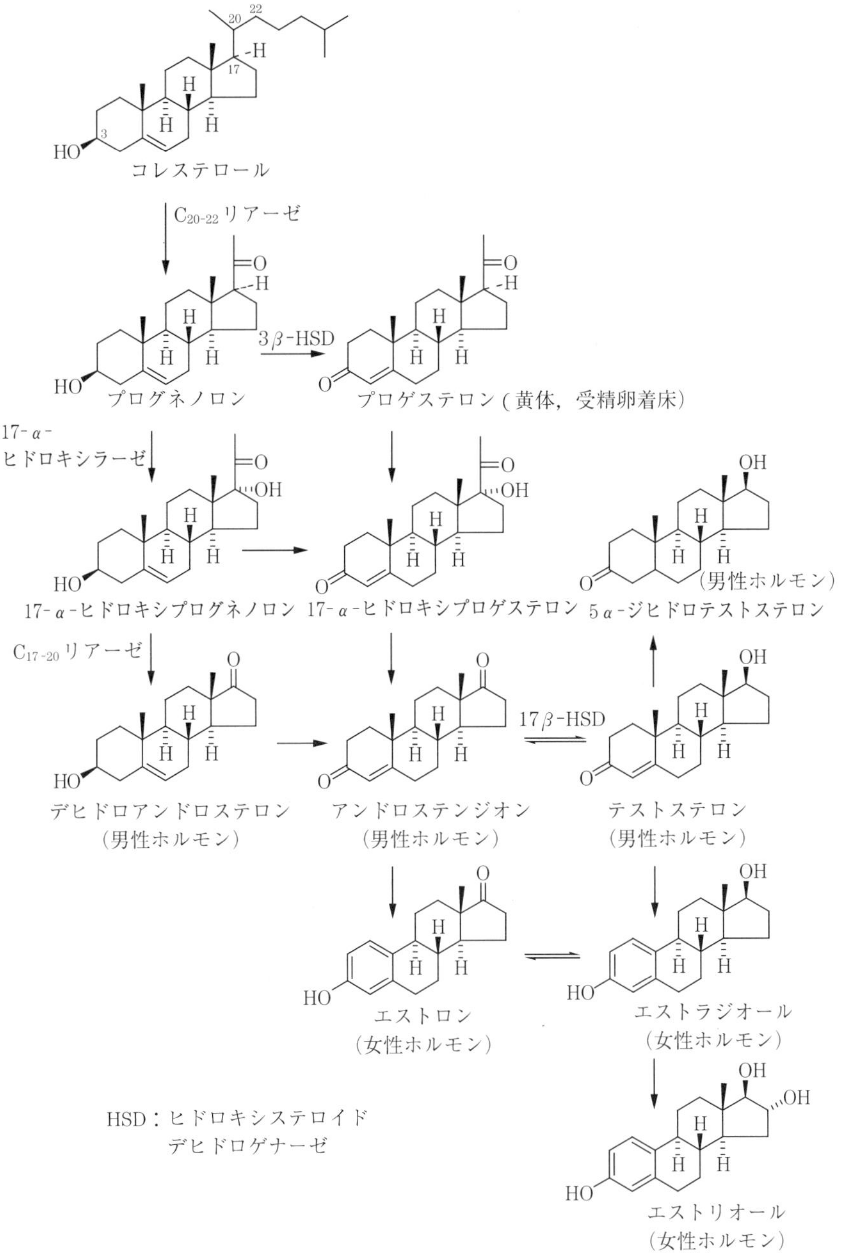

6.2 代表的なステロイド

図 6.5 コレステロールからの男性ホルモンおよび女性ホルモンへの生合成経路

である．ちなみにいわゆる環境ホルモンと称される物質が動物のメス化を引き起こすのは，それらの大部分がフェノール部分構造を有し，エストロンと構造上の類似性を示すためである．なお，男性ホルモンは**アンドロゲン**（androgen），女性ホルモンは**エストロゲン**（estrogen）と総称される．

性ホルモン以外の重要なホルモンとして副腎皮質ホルモンである**コルチゾン**（cortisone）と**アルドステロン**（aldosterone）が挙げられる（図6.6）．これらは副腎皮質から分離されたホルモンで，リウマチの治療に劇的な効果を示す．コルチゾンは糖質代謝に関係するため，グルココルチコイド，アルドステロンは電解質代謝に関係するためミネラルコルチコイドと呼ばれる．

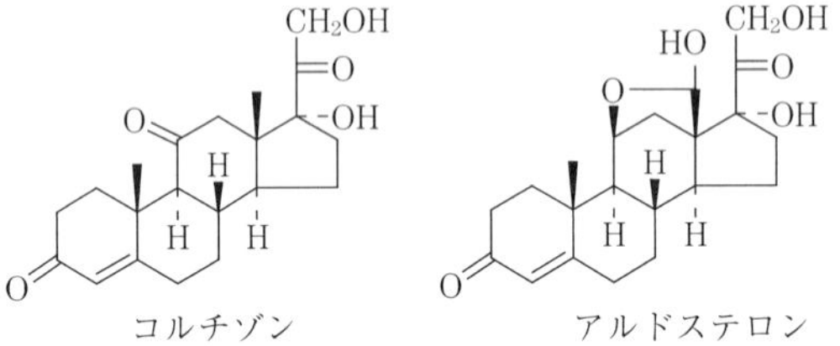

図6.6 コルチゾンおよびアルドステロンの構造

エルゴステロール（ergosterol）は酵母やシイタケなどの菌類に含まれる代表的なステロールである．紫外線照射により9,10-位がエピメリ化してルミステロールとなり，次いでラジカル反応により生ずるタキステロールを経てビタミンD_2（エルゴカルシフェロール）に変化する（図6.7）．

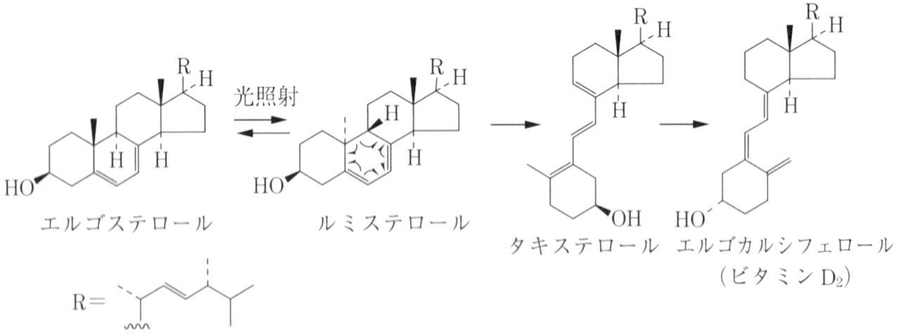

図6.7 エルゴステロールからビタミンD_2への変換

6.2.2 植物に存在するステロール

β-シトステロール（β-sitosterol）および**スチグマステロール**（stigmasterol）は代表的な植物ステロールであり，コレステロールの側鎖にエチル置換基が導入されているのが特徴である（**図 6.8**）。これらにはコレステロールの吸収を阻害する作用がある。両者は共存することが多い。

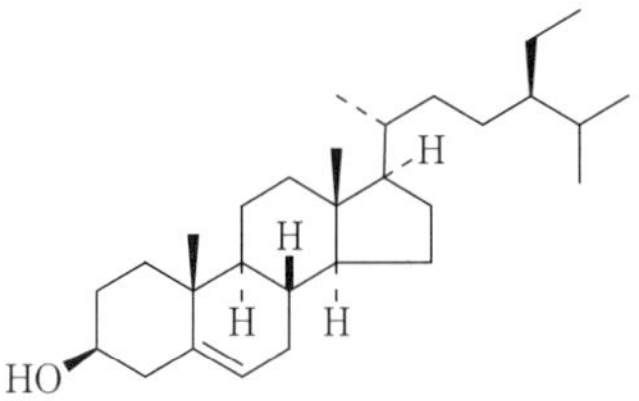

β-シトステロール

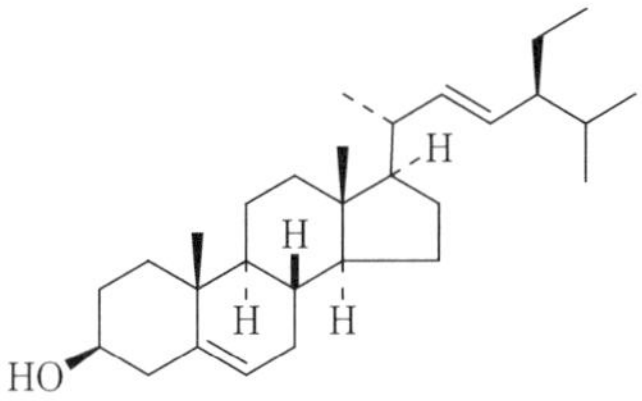

スチグマステロール

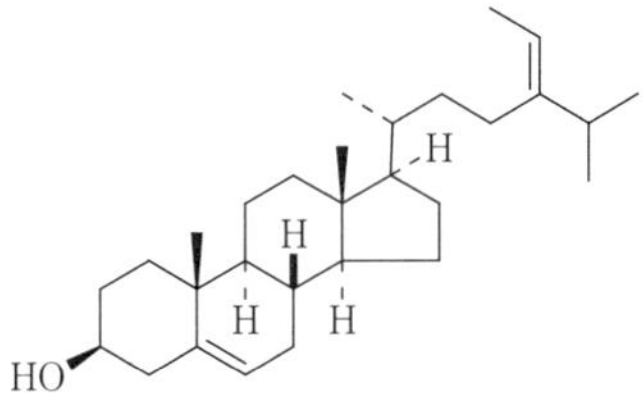

フコステロール

図 6.8　植物に含まれる代表的なステロール

フコステロールは海草類に含まれる代表的なステロールである。

コレステロールから生合成される植物ホルモンとしてブラシノライドが挙げられる。**ブラシノライド**（brassinolide）はナタネ *Brassica napus* から分離された植物ホルモンであり，B-環がラクトン化しているのが特徴である（**図 6.9**）。

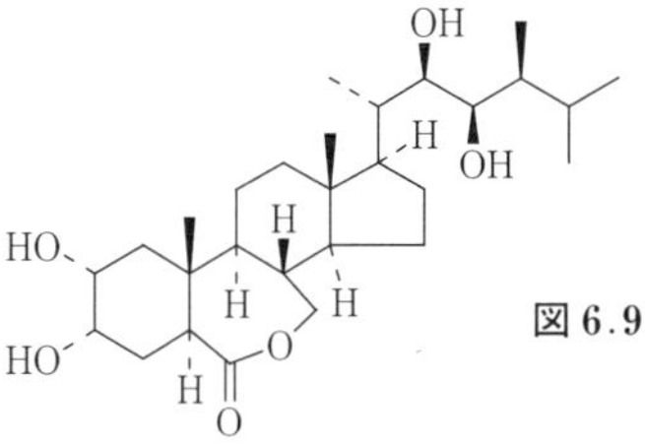

図 6.9　植物ホルモンブラシノライドの構造

細胞伸長作用，ストレス耐性の付与，光形態形成の抑制などの作用がある（詳細は9章で説明する）。

4環性および5環性トリテルペンとしてつぎのような化合物が挙げられる[1]。

ジンセノシド（ginsenoside）は朝鮮人参オタネニンジン *Panax ginseng* に含まれる活性成分であり，多くの類縁体からなる（図 6.10）。強壮，鎮静作用があり，虚弱体質に有効とされる。

β-アミリン（β-amylin）は多くのサポニンのアグリコン（非糖部分）として存在する。

4環性トリテルペン

ジンセノシド Rb$_1$
R$_1$＝Glc-(2←1)-Glc
R$_2$＝Glc-(6←1)-Glc

5環性トリテルペン

β-アミリン

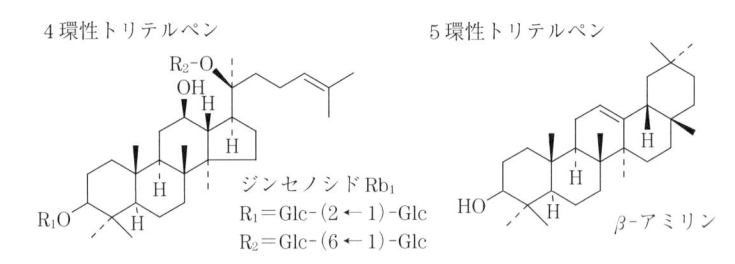

図 6.10　4環性トリテルペンおよび5環性トリテルペンの構造
（Glc はグルコースを示す）

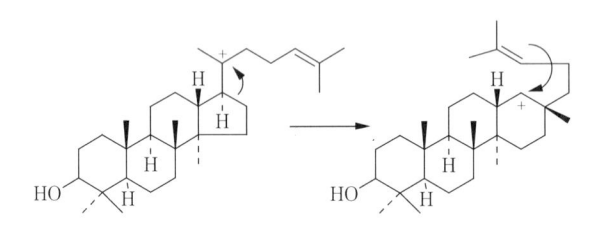

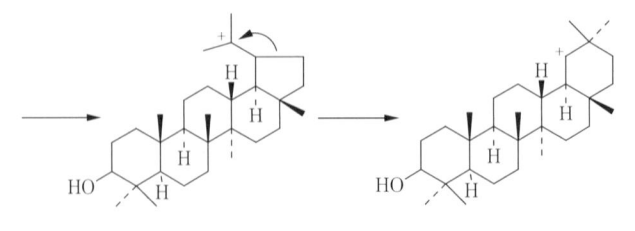

ダンマランカチオン　　バッカランカチオン

ルパンカチオン　　ジャーマニケンカチオン

図 6.11　5環性トリテルペン生成のメカニズム

5環性トリテルペンは，4環性のダンマランカチオンから**図6.11**に示す転位反応によって側鎖が環化することにより生成される。さらにジャーマニケンカチオンから，ヒドリドシフトあるいはワグナー・メアワイン転位により類似骨格を有する多くの化合物に変換される。

6.3 カロテノイド

C_{40}骨格を有する**カロテノイド**（carotenoid）は，2モルのGGPP（C_{20}）の縮合によって生成する（**図6.12**）。この反応はFPP（C_{15}）からスクアレンが

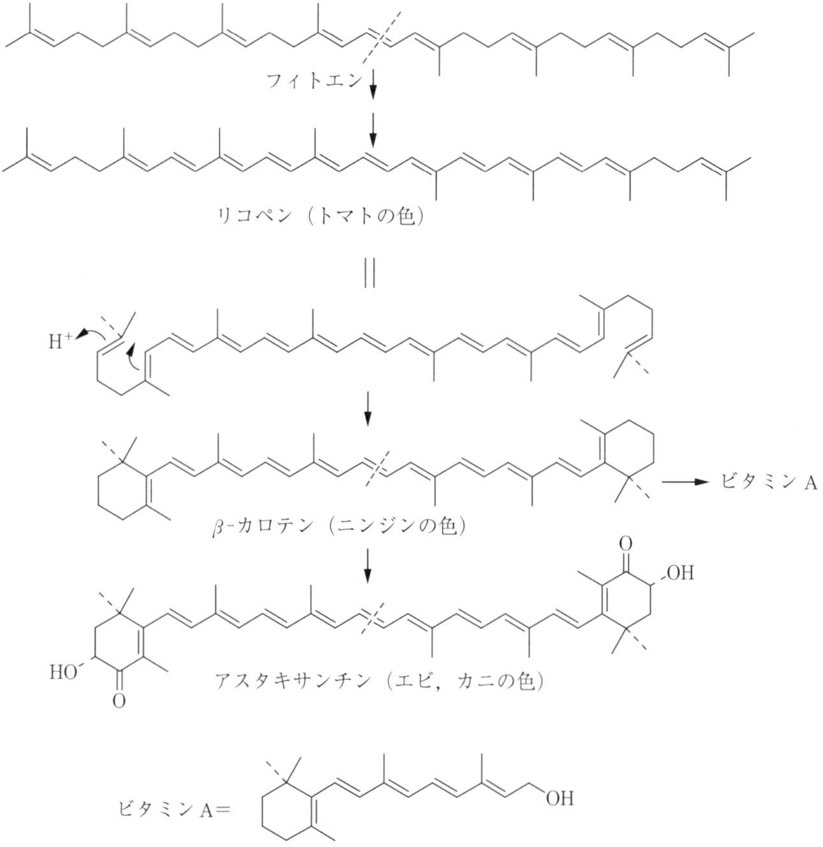
フィトエン
リコペン（トマトの色）
H+
β-カロテン（ニンジンの色）
ビタミンA
O
OH
HO
O
アスタキサンチン（エビ，カニの色）
ビタミンA＝
OH

図6.12　フィトエンからのカロテノイドの生成機構

生成するのと同様のメカニズムで進行する。まず最初に無色のフィトエン(C_{40})が生成する。次いで二重結合が導入され共役系を有する深赤色のリコペンとなる。さらに末端部分が環化し，深紅色のβ-カロテンに変換される。この分子が中央で切断を受けるとビタミンAとなる。そのためプロビタミンAとも呼ばれる。動物はカロテノイドの生合成ができないため，ビタミンAが必須栄養素となる。リコペンは成熟した果実，特にトマトに多く含まれる。β-カロテンは人参に多く含まれており，食品の着色料として広く使われている。

甲殻類の殻，タイなどの魚類の表皮に存在する赤色のアスタキサンチンは，食物連鎖によって吸収されたβ-カロテンが変換されたものである。

なお，カロテンには他にα-カロテン，γ-カロテンが知られている。α-カロテンはβ-カロテンとほぼ同じように広範囲の生物に分布しているが存在量が少ない。γ-カロテンは微量ながら多くの植物，特にβ-カロテンを含む果実に存在する。両カロテンともプロビタミンAとしての活性を有する。

引用・参考文献

1) 田中　治，野副重男，相見則郎，永井正博編集：天然物化学，改訂第5版，pp.155-186，南光堂（1998）
2) Turner, W.B.：Fungal Metabolites, pp.214-279, Academic Press（1971）
3) Turner, W.B. and Aldridge, D.C.：Fungal Metabolites II, pp.225-366, Academic Press（1983）
4) Goodwin, T.W.（Ed.）：Aspects of Terpenoid Chemistry and Biochemistry, Academic Press（1971）

7 シキミ酸経路に由来する化合物

　シキミ酸 (shikimic acid) は図7.1に示すシクロヘキセンカルボン酸であり，複雑な反応を経た後，芳香環とC_3側鎖からなる化合物に変換される。これら化合物には図7.2に示すフェニルアラニン，チロシン，トリプトファンなどの芳香族アミノ酸，桂皮酸，クマリン，フラボノイド，リグナン，アントラニル酸，p-アミノ安息香酸など芳香属化合物が含まれる[1]。したがってシキミ酸は芳香族化合物の前駆体となる非常に重要な鍵化合物であり（フ

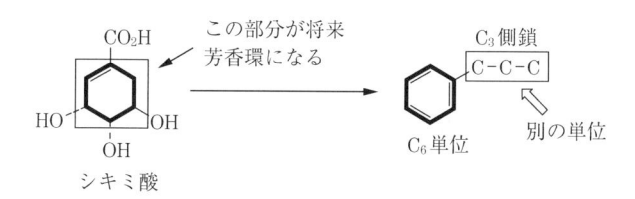

図7.1　シキミ酸とC_6-C_3化合物

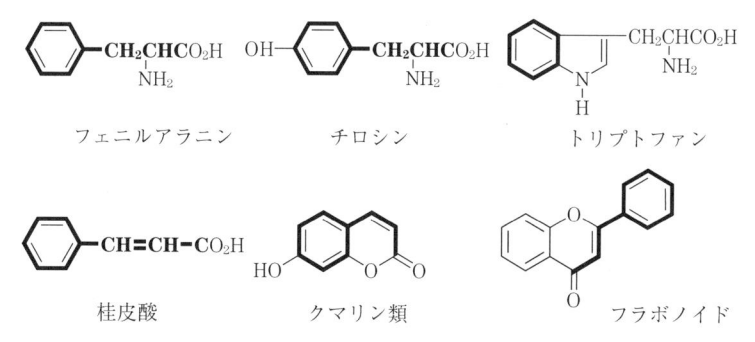

図7.2　シキミ酸経路で生合成される代表的な化合物（太線で示す炭素がシキミ酸に由来している）

ラボノイドについては8章で説明する），シキミ酸経路は，一次代謝および二次代謝の両経路で重要な役割を果たしていることになる[2]。

この群に属する化合物は，特徴的なC_6(芳香環)-C_3側鎖(n-プロピル基)という構造を有することから，フェニルプロパノイドあるいはC_6-C_3化合物とも呼ばれる。トリプトファンだけは例外であり，シキミ酸からの生合成の途中でC_3単位がすべて他の前駆体由来の炭素に置換されるため，この構造上の特徴が失われている（図7.7参照）。シキミ酸経路は動物には存在しないため，芳香族アミノ酸は動物にとって必須アミノ酸となっている。

シキミは日本原産の植物（*Illicium anisatumi* L.）であり，もくれん科に属する。山林中に生ずる常緑の小喬木で，通常墓地などにも栽植されている。生枝を仏前に供し，その葉で抹香の臭いを出させる。4月ごろ淡黄色の花（花径約2.5 cm）を咲かせる。その実が有毒であり，悪しき実という意味で使われたという説がある。シキミ中でのシキミ酸含量は非常に高く，湿重量の約0.5％にも達する。シキミ酸はシキミからEykmanによって1885年に単離されたが，その後多くの植物に分布していることが判明した。

生物におけるシキミ酸の重要性は，栄養要求性大腸菌の突然変異株を利用する実験により，証明された（突然変異株の利用については3章 参照）。すなわち，フェニルアラニン，チロシン，トリプトファンのような芳香族アミノ酸を要求する突然変異株において，シキミ酸を培養液に添加すると，生育が回復することが観察され，これらの芳香族アミノ酸の生合成中間体であることが判明した。

7.1 シキミ酸経路

シキミ酸の生合成経路を（図7.3）に示す[2]。出発物質であるホスホエノールピルビン酸とD-エリトロース 4-リン酸の縮合により，まずC_7のケト酸（3-デオキシ-D-*arabino*-ヘプツロソン酸 7-リン酸，DAHP）が生成する。その後脱リン酸化による二重結合の形成により3,7-ジデオキシ-D-*arabino*-ヘプツ-2,6-ジウロソン酸となり，次いで環状化合物である3-デヒドロキナ酸，デヒドロシキミ酸を経てシキミ酸が形成される。

7.2 シキミ酸経路以降の反応

次いで図7.4に示す経路によってシキミ酸は芳香族アミノ酸に変換される。まずリン酸化後，ホスホエノールピルビン酸との反応により，コリスミ酸とな

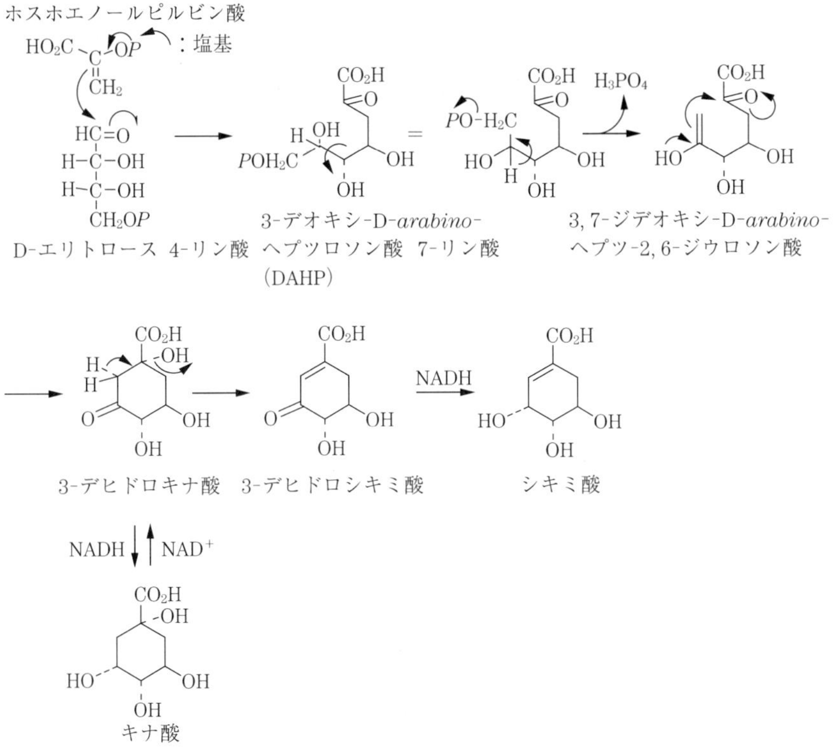

7.2 シキミ酸経路以降の反応

図7.3 シキミ酸生合成経路（リン酸は P で略記してある）

り，これがクライゼン転位により C_6+C_3 骨格を有するプレフェン酸となる。次いで酸化反応，脱炭酸反応を経由してアミノ基転移反応を受けるとチロシンに，酸化を受けずに脱炭酸，アミノ基転移反応を起こすとフェニルアラニンに変換される。

コリスミ酸は，図7.5に示す別の経路でアントラニル酸（o-アミノ安息香酸），および p-アミノ安息香酸（PABA）に変換される。アントラニル酸はさらに図7.6に示すホスホリボシル二リン酸との反応を経てトリプトファンに代謝される。トリプトファンはさらに代謝を経て，植物ホルモンであるインドール酢酸（オーキシン）（9章 参照）や，動物の神経伝達物質であるセロトニン（5-ヒドロキシトリプタミン）に変換される（図7.7）。

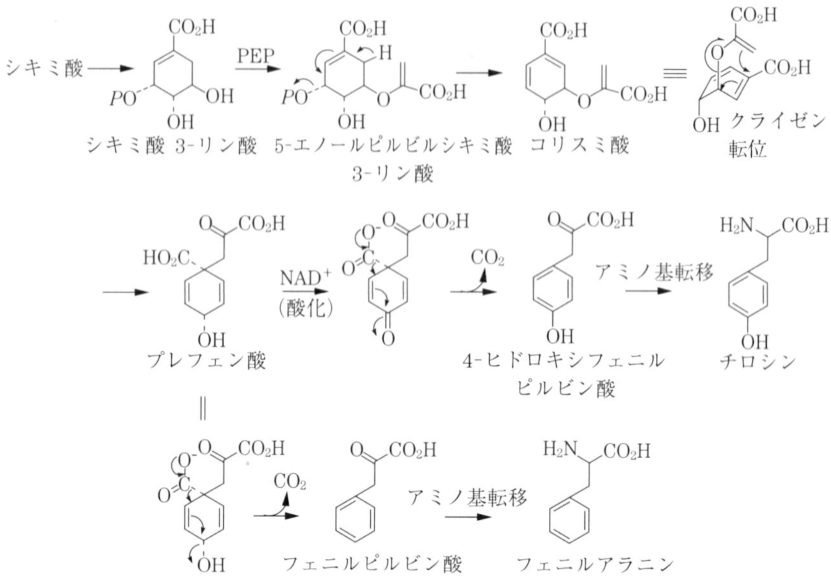

7. シキミ酸経路に由来する化合物

図7.4 シキミ酸以降の代謝経路（リン酸は P で略記してある）

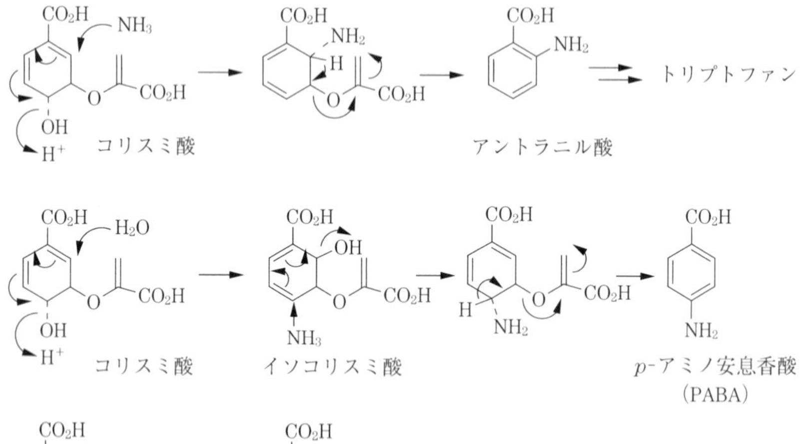

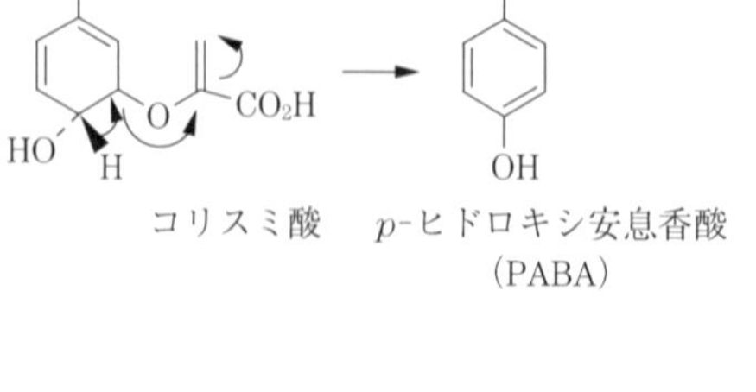

図7.5 コリスミ酸からアントラニル酸および p-アミノ安息香酸（PABA）への代謝経路

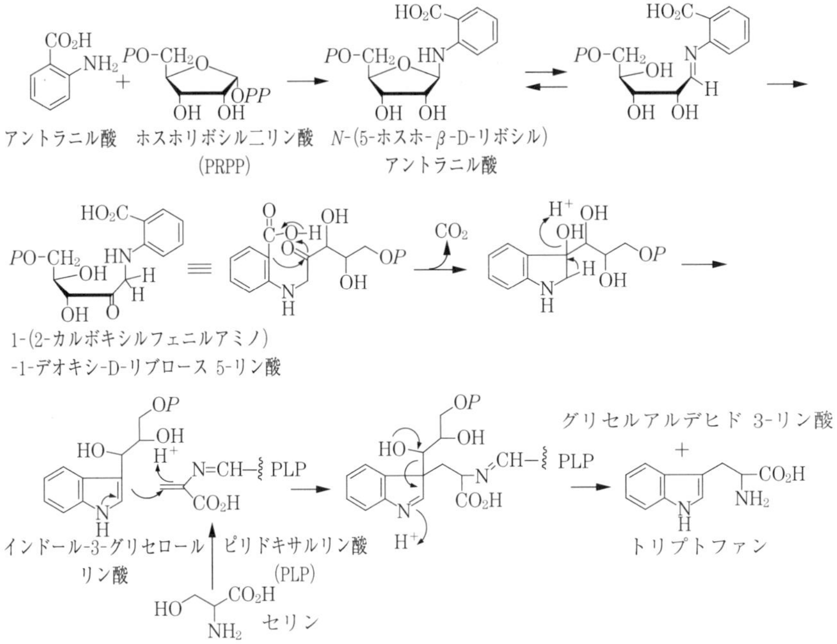

図 7.6 アントラニル酸からトリプトファンへの生合成経路
（リン酸は P で表してある）

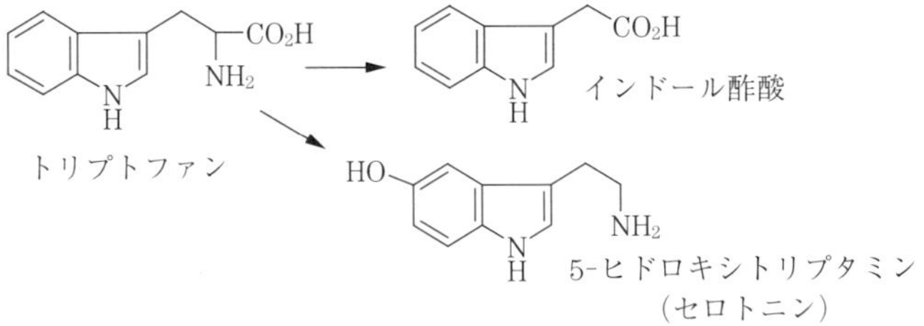

図 7.7 トリプトファンの代謝

7.3 p-アミノ安息香酸に由来する生理活性物質

　p-アミノ安息香酸（p-aminobenzoic acid, **PABA**）は図 7.8 に示す葉酸の構成成分である。葉酸はビタミン M, ビタミン Bc とも呼ばれ，哺乳動物の抗貧血因子であり，妊娠時には大量の消費があるため，不足しやすいことが知られている。葉酸の構造類似物質として化学合成品であるメトトリキセートがあ

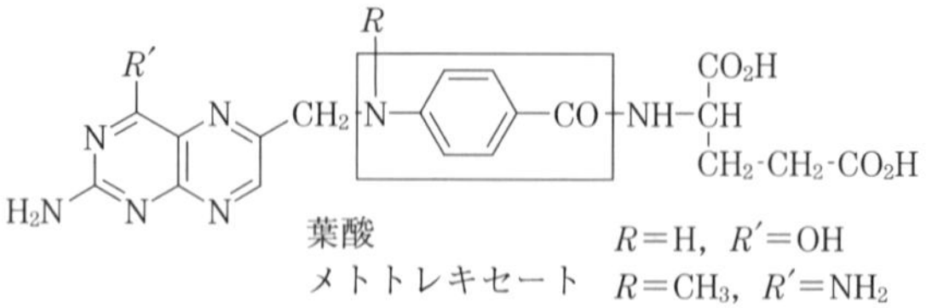

図 7.8　葉酸とその拮抗代謝物質メトトレキセート
（四角枠内は PABA に由来する）

る．本化合物は葉酸の拮抗剤として作用し，葉酸の代謝を阻害する．急性白血病や種々の固形腫瘍に対して現在広く使用されている．

7.4　フェニルアラニンに由来する生理活性物質

フェニルアラニン（phenylalanine）は図 7.9 に示す経路で種々の生理活性物質に変換される．

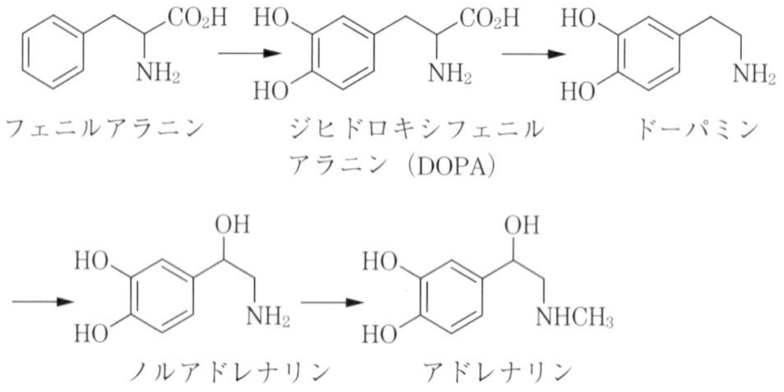

図 7.9　フェニルアラニンの代謝

アドレナリン（adrenaline）は細胞間情報伝達物質として作用する．著名な血糖上昇作用，心拍出力増加作用，末梢血管抵抗減少作用が知られており，運動能力を亢進させる働きがある．火事場の馬鹿力など緊急時に普段出せない能力を発揮できるのはアドレナリン濃度が上昇するためである．

一方これと反対の作用を有するのが，非置換アミノ基を有する**ノルアドレナリン**（noradrenaline）である．心拍出力を減少させ，末梢血管抵抗を増加させるなど，気分を沈静化する作用がある．

ドーパミン（dopamine）は神経伝達物質であり，動物の脳で作用している。この生成量の低下がパーキンソン病の主な生化学的変化として知られている。

7.5 p-ヒドロキシ安息香酸からのユビキノンの生合成

ユビキノン（ubiquinone）は生物界に広く存在する**キノン**（quinone）であり，**図 7.10** に示す経路で p-ヒドロキシ安息香酸から生合成される。側鎖 R のポリプレニル基は生産する生物によって異なり，イソプレニル基単位が 1 から 10 のものが見出される。本化合物の名前（ubiquinone）は英語の ubiquitous（至る所にある）に由来する。ミトコンドリアでの電子伝達に必須であり，**補酵素 Q**（coenzyme Q）とも呼ばれる。生体膜の安定化，抗酸化作用をもつ。臨床的には狭心症，心不全，虚血性心疾患，筋ジストロフィーの症状改善に薬理効果がある。ヒトの場合 $n=10$ の補酵素 Q_{10} 構造（図 5.10）がサプリメントとして市販されている。構造的にはビタミン K と類似している。

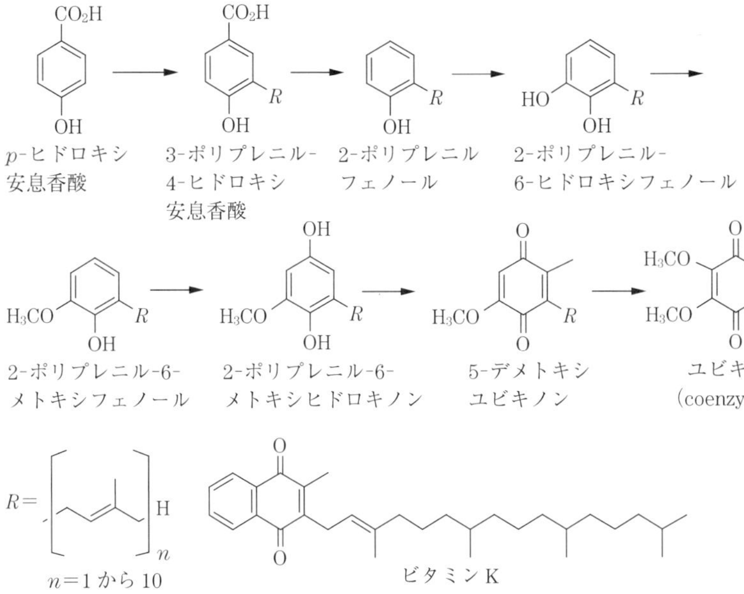

図 7.10 p-ヒドロキシ安息香酸からのユビキノンへの生合成経路

7.6 シキミ酸類似経路（メタ C_7N 経路）

図 7.11 に示す炭素 1 個の置換基を有する芳香環（C_7）のメタ位にアミノ基を有する官能基をメタ C_7N（mC_7）単位と呼ぶ。図 7.12 に示すような放線菌によって生産される抗生物質中に見出される[3]。これらのうち、リファマイシンの誘導体であるリファンピシンは抗結核薬として広く使用されている（11.1.4 項〔4〕(c) 参照）。またゲルダナマイシンは、新しい作用機作を有する抗がん剤として注目を浴びている[4]。

マイトマイシン C は抗がん剤（11.2 節〔2〕参照）として実用化されており、またゲルダナマイシンやメイタンシンは抗がん剤として詳細な研究が行わ

図 7.11　メタ C_7N（mC_7N）単位

リファマイシン SV　　　　　ゲルダナマイシン

メイタンシン　　　　　　R＝COCH(CH₃)N(CH₃)COCH₃
アンサマイトシン P-3　　R＝COCH(CH₃)₂

マイトマイシン C

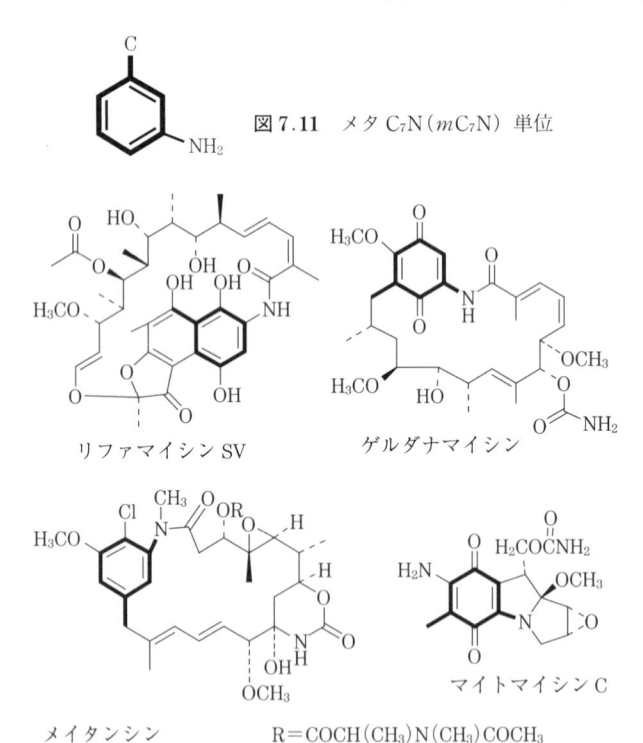

図 7.12　メタ C_7N（mC_7N）単位を含む抗生物質
（太線部分がメタ C_7N 単位）

れている。マイトマイシンを除く他の化合物は，ポリケチド化合物群に属し，メタ C_7N 単位を生合成の出発単位として利用している。

この単位は図7.13に示すように，シキミ酸経路ときわめて類似した経路で生合成される。この経路では，UDP-グルコースが数段階の反応を経てカノサミンとなり，次いで3-アミノ-3-デオキシフルクトース 6-リン酸になる。その後括弧内の中間体とホスホエノールピルビン酸が反応して，3,4-ジデオキシ-4-アミノ-D-*arabino*-ヘプツロソン酸 7-リン酸が生成され，C_7骨格をもった中間体となる。以後の反応はシキミ酸経路と同様に進行するが，最終段階で脱水を受けて芳香化する。したがって最終産物はメタ位にアミノ基を有する安息香酸となり[3]，これがポリケチド生合成の出発単位となるのである。

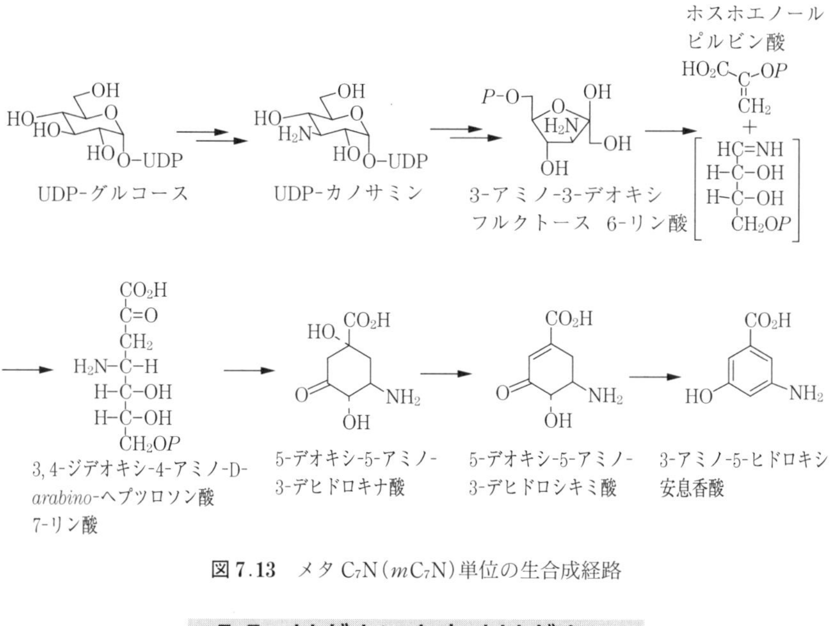

図7.13 メタ C_7N (mC_7N) 単位の生合成経路

7.7 リグナンとネオリグナン

リグナンおよび**ネオリグナン**は，フェニルプロパノイド(C_6-C_3化合物)が2分子縮合することにより生成された化合物である。したがって1分子中に通常2個のベンゼン核を有する。リグナンの代表的な例を図7.14に示す。3,3′,4,4′,9,9′-

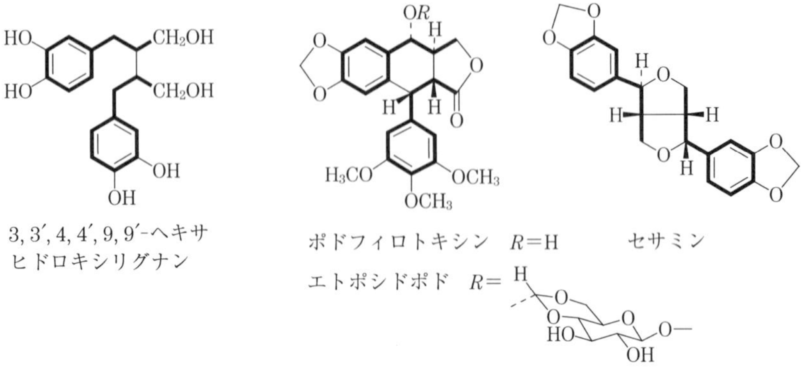

3,3′,4,4′,9,9′-ヘキサ
ヒドロキシリグナン

ポドフィロトキシン　　R=H
エトポシドポド　　　　R=

セサミン

図7.14　代表的なリグナン化合物（太線部分は C_6-C_3 を示す）

ヘキサヒドロキシリグナンはこの群の化合物の中で最も簡単な構造を有する。ポドフィロトキシンはさらに多くの修飾を受けた化合物であり，セサミンは環形成の様式が異なっている。しかしいずれの化合物においても，太線で示してある C_6-C_3 単位が C_3 側鎖の 2 番目の炭素間で結合しており，共通した機構で生合成されることが示唆される。

セサミンはゴマに含まれる主要なリグナン化合物の一種であり，$\mathit{\Delta}$5-desaturase 阻害作用によって不飽和脂肪酸合成に影響を及ぼす。また，脂肪酸の β 酸化促進，脂質合成の抑制が遺伝子およびタンパクレベルで明らかにされている。さらに，HMG CoA-reductase 阻害によりコレステロール低下作用を示すことが動物やヒトにおいて確認されている。セサミンは生体内では特に肝臓において代謝を受け，カテコール体あるいはメチルカテコール体に代謝され抗酸化活性と血管弛緩作用を示す。これがセサミンの血圧低下作用メカニズムの一つとして考えられている[5]。

ポドフィロトキシンは民間薬ポドフィルム根（メギ科）に配糖体として含まれている。ポドフィロトキシン自身は水溶性が悪いので，化学修飾により溶解度が改善された誘導体エトポシドが調製されている。本化合物は肺小細胞がん，悪性リンパ腫などの治療に使用されており，トポイソメラーゼを阻害する作用がある[1]。

7.7 リグナンとネオリグナン

3,3′,4,4′,9,9′-ヘキサヒドロキシリグナンの生合成機構を図 7.15 に示す。フェノール基が解離して生じたアニオンが，最初にパーオキシダーゼなどの酸化酵素で酸化され，中性のラジカルとなる。このラジカルは図示するように種々の共鳴形をとることが可能であり，側鎖の 2 位どうしで縮合が起こると対称なリグナンが生成される。この反応では解離したフェノール基から電子が奪われ

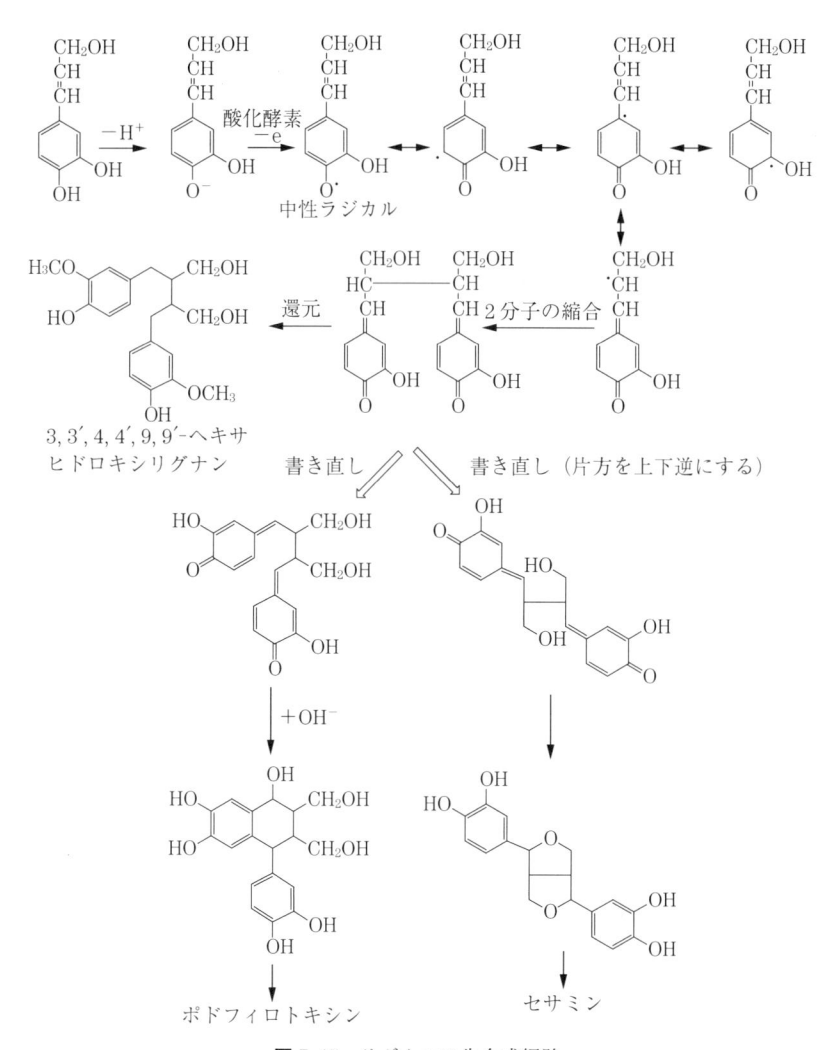

図 7.15 リグナンの生合成経路

る酸化反応によって中性ラジカルが形成され，その後に縮合が起こるため，**酸化的フェノールカップリング**（oxidative phenol coupling）と呼ばれる。縮合によって生成した中間体は反応性に富んでおり，さらに環の形成反応を受けて，セサミンやポドフィロトキシンに変換される。

　リグナン以外のC_6-C_3からなる2単位の縮合物をネオリグナンと呼ぶ。この化合物群ではリグナンと異なり，異なる構造のラジカル分子種間（図7.16に示す中性ラジカル）で非対称の縮合が起こるため，より複雑な構造を有するものが生成される。またC_6（通常ベンゼン環）2個のうち一方が変化してベンゼン環ではなくなっていることが多い。カズレノンの生成機構を図7.16に示す。

　カズレノンは，中国南部産の海風藤（ふうとうかずら）から得られるネオリグナンで，血小板活性化因子PAF受容体に対し，PAFアンタゴニストとして強力な活性を有しており，気管支喘息（ぜんそく），リウマチ治療薬として利用されている。

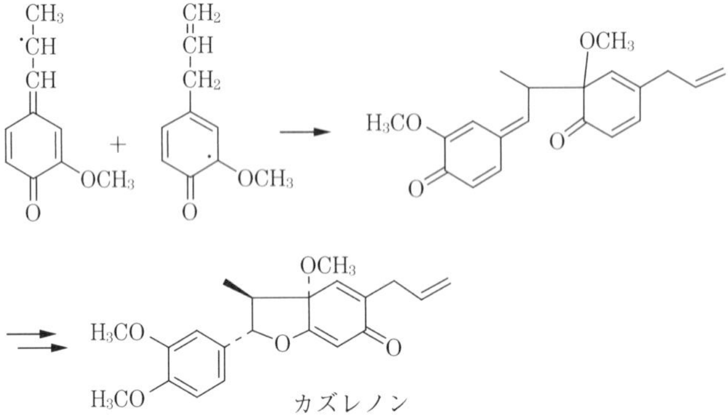

図7.16　ネオリグナン（カズレノン）の生成機構

引用・参考文献

1) 田中　治，野副重男，相見則郎，永井正博 編：天然物化学，改訂第5版，pp.189-199，南光堂（1998）
2) 日本生化学会 編：細胞機能と代謝マップ，I. 細胞の代謝・物質の動態，東京化学同人（1997）
3) Floss, H.G. and Yu, T.-W.：Rifamycin － mode of action, resistance, and biosynthesis, Chem. Rev., **105**, 2, pp.621-632（Feb. 2005）

4) Neckers, L. and Katharine, N. : Heat-shock protein 90 inhibitors as novel cancer chemotherapeutics — an update, Expert Opinion on Emerging Drugs, **10**, 1, pp.137-149 (Feb. 2005)
5) Tsuruoka, N. et al. : Modulating effect of sesamin, a functional lignan in sesame seeds, on the transcription levels of lipid- and alcohol-metabolizing enzymes in rat liver : a DNA microarray study, Biosci. Biotechnol. Biochem., **69**, 1, pp.179-188 (Jan. 2005)

8 フラボノイド

フラボノイド（flavonoid）とは，フェニルクロマン（C_6-C_3-C_6）骨格を基本構造にもつ芳香族化合物の総名称である。この骨格の（C_6-C_3）単位は，前章で説明したシキミ酸経路によって生合成される。フラボノイドはカルコンを経由して形成され，A，B，C 環からなる基本骨格を有する。これら化合物は C 環の置換様式の違いによって，図 8.1 のように分類される[1]。この中でイソフラボンのみがやや異なる骨格を有しているが，フラバノンの B 環の転位反応によって生成するためである。この群の化合物，特にアントシアニジンおよびアントシアニン（アントシアニジンに糖が結合した化合物）は花の色の成分として重要な役割を果たしている。

カルコン　フラボン　フラボノール　ジヒドロフラボノール

フラバノン　アントシアニジン　オーロン　イソフラボン

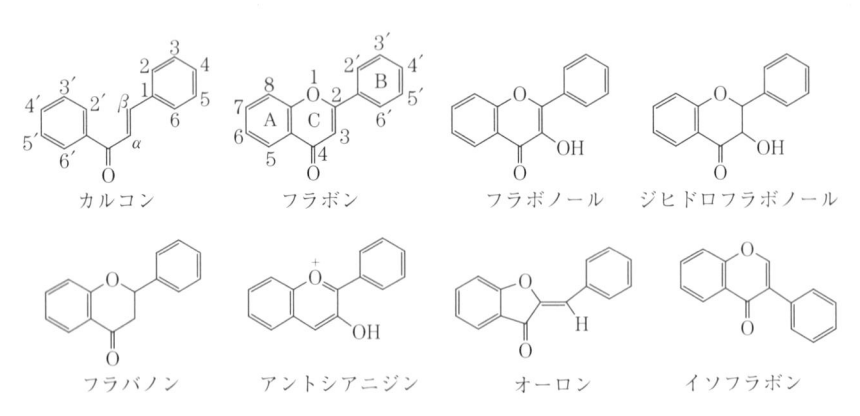

図 8.1 フラボノイド骨格の名称

これらの基本骨格の違いに加えて，それぞれ異なる位置での水酸化，メチル化，プレニル化，縮合などに多様性が見られ，さらに，これらの多くは配糖体（O-配糖体，C-配糖体）として存在する。現在まで 3 000 数百種の化

合物が知られている。その一例としてトレニアに含まれる青色の色素であるマルビジン配糖体の構造を図 8.2 に示す。この色素では，アントシアニジンの誘導体であるマルビジンにグルコースおよび p-クマロイル基が結合している。

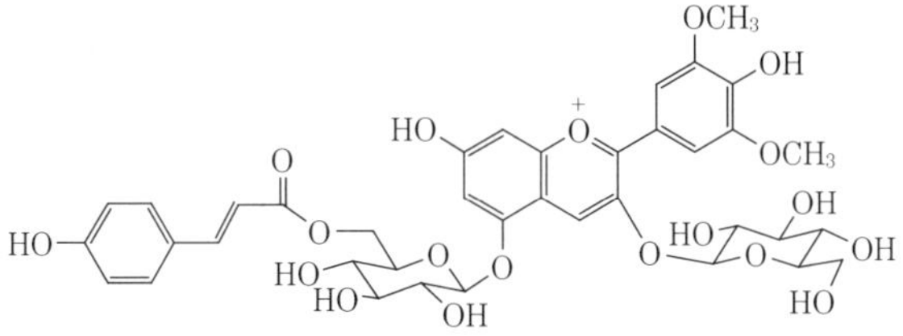

図 8.2 トレニアに含まれる青色色素マルビジン配糖体

8.1 フラボノイドの生合成

フラボノイドは植物色素の重要な一群を形成している。例えばフラボンは黄色ないしオレンジ色，アントシアニンは赤色，紫色ないし青色を示し，緑色を除いてほとんどすべての花の色をカバーしている。なお，フラボノイドは，高等植物，シダ類にのみ存在する。花の色は，これら化合物における共役系の長さ，酸素や水酸基との結合の有無などによって影響される[2),3)]。

これら化合物の出発物質であるカルコンは，図 8.3 に示すようにクマロイル

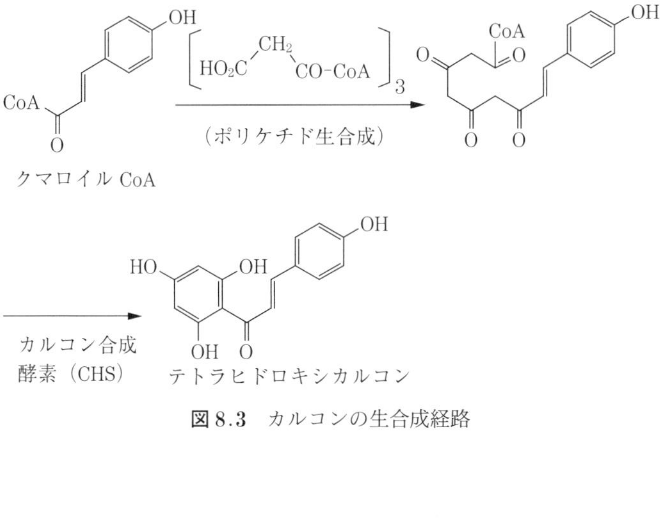

図 8.3 カルコンの生合成経路

CoA が出発単位となり，それに 3 モルのマロニル CoA が縮合するポリケチド生合成反応によって生合成される．最後にこの中間体が，カルコン合成酵素によって環化することによってカルコン骨格が完成する．

ついで，図 8.4 に示すように，カルコンイソメラーゼによって C 環を有するナリンゲニンとなり，その後ジヒドロケンフェロールなどの無色のアントシアニジン前駆体に変換される．この前駆体は，図 8.5 に示す反応機構により，花色のもととなるアントシアニジン誘導体，すなわちシアニジン，ペラルゴニジン，デルフィニジンに変換される．これら化合物は B 環の水酸基の数が異なっており，置換基の数が多くなるにしたがって，花色が橙から赤，青，紫へ

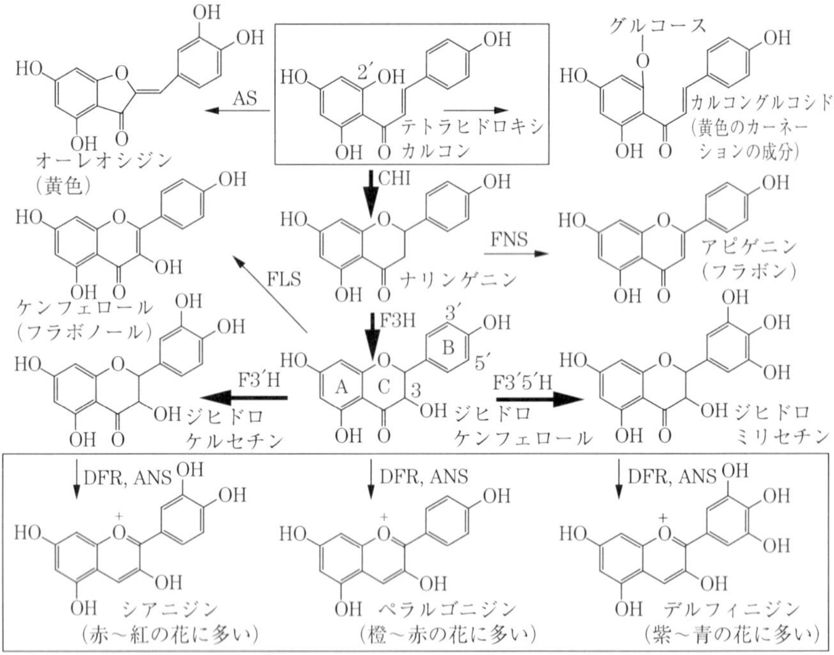

CHI＝カルコンイソメラーゼ　AS＝オーレオシジン合成酵素　F3H＝フラバノン 3-水酸化酵素
F3′H＝フラボノイド 3′-水酸化酵素　　F3′5′H＝フラボノイド 3′,5′-水酸化酵素
DFR＝ジヒドロフラボノール 4-還元酵素　　ANS＝アントシアニジン合成酵素
FNS＝フラボン合成酵素　　FLS＝フラボノール合成酵素

図 8.4　カルコンからアントシアニジン誘導体への変換経路（両者を枠内に示す）[2),3)]

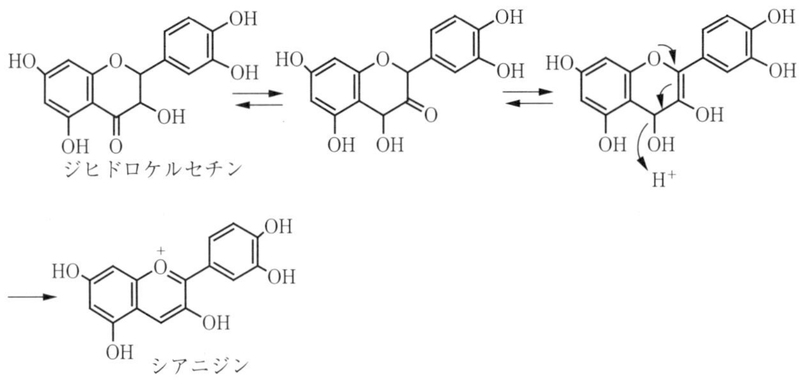

図 8.5 ジヒドロケルセチンからのシアニジンの生成機構

と変化する[2), 3)]。

一方,C 環構造が他のフラボノイドと異なるオーレオシジンのみは,オーレオシジン合成酵素によって直接カルコンから生成する。

8.2 フラボノイドと花の色

花の色はつぎのような因子によって影響を受ける[2), 3)]。

(1) アントシアニン(シアニジン,ペラルゴニジン,デルフィニジンなどの配糖体)は B 環の水酸基が増えると青みが増す。

(2) アシル基や糖の修飾によってアントシアニンの安定性,溶解度,色が変化する(芳香族アシル基の付加により青くなる)。

(3) アントシアニンができないと花色は白になる傾向がある。

(4) フラボノールやフラボンといった補色素とアントシアニンが複合体を形成すると,色が青くなり,吸光度も増す。

(5) アントシアニンの色は pH によっても変化し,pH が低いと赤く,中性付近で青くなる(アジサイの例)。

(6) 金属イオンが重要な場合もある。

花の色を自由にコントロールすることは,人類の夢の一つであり,交配によって種々の花色を有する園芸品種を作成することが試みられてきていた。しか

しながら，利用できる遺伝子資源は限られているため，在来種の交配による新しい花色の作出には限界があった。例えば青色のカーネーションやバラはその花色のもととなる色素（デルフィニジン）をもった品種が存在しないため，交配による青い花色をもった品種の作出は不可能と考えられていた。なお，今日ではありふれている黄色のバラも，以前には存在せず，西アジア原産の *Rosa foetida* との交配により初めて創出された。既存の花には存在しない色をもった品種の創出は，遺伝子工学的手法を用いる植物バイオテクノロジーの利用によって初めて解決することが可能となった[2]~[4]。

花色を遺伝学的手法によって変化させるためには，つぎのような方針を採用する。すでに存在する花色の遺伝子の作用を抑え，それがコードする赤や黄色などの色素の生成を抑える，あるいはアントシアニンを生合成しない白色品種を利用する。これに別種の遺伝子を導入し，その品種にいままで存在しなかった色素を生合成させる。

従来存在しなかった紫色のカーネーションの作出例を説明する[2]（口絵 参照）。この場合，アントシアニジンの生合成を制御（青色色素の導入，赤色色素の除去）することにより成功した。なお，このデータはサントリー株式会社によって提供されたものである。

(1) 紫色のペチュニア花弁から，ジヒドロケンフェロールをジヒドロミリセチン（青色色素デルフィニジンの前駆体）に変換するフラボノイド3′,5′-水酸化酵素（F 3′5′H）遺伝子を取得し，カーネーションに導入した。しかしもともと存在する色素の影響によって赤色が強く現れ，少し紫がかった品種が得られただけであった。

(2) このことから，橙色から赤色色素をつくるペラルゴニジン合成経路を除く必要が判明した。そこでジヒドロケルセチン（赤色色素シアニジンの前駆体）をジヒドロケンフェロールから生成するジヒドロフラバノール4-還元酵素（DFR）が欠損している白いカーネーションを利用し，これにペチュニアの遺伝子フラボノイド3′,5′-水酸化酵素（F 3′5′H）を導入して，ジヒドロミリセチンが生成するようにした（図8.6）。し

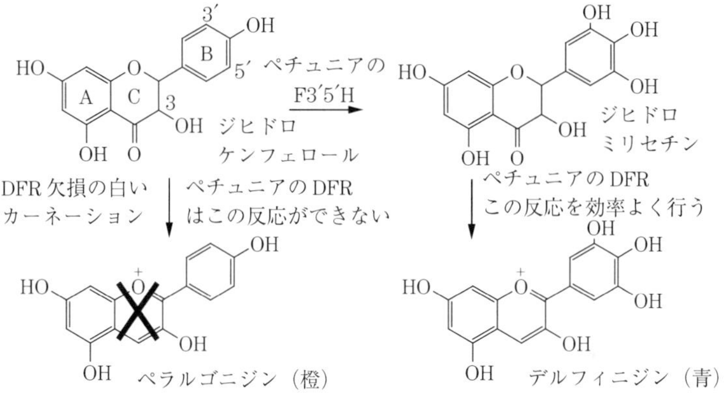

8.2 フラボノイドと花の色

図 8.6 ジヒドロケンフェロールからのデルフィニジンの生成

かしこれだけでは，ジヒドロフラバノール 4-還元酵素（DFR）がないため，デルフィニジンに変換されず青色が発現しなかった。

(3) つぎに，ペチュニアのジヒドロフラバノール 4-還元酵素を導入し，ジヒドロミリセチンからデルフィニジンが生成するように改変したところ，紫色のカーネーションが作成できた。なお，ペチュニアのジヒドロフラバノール 4-還元酵素はカーネーションのそれとは基質の特異性が異なるため，ジヒドロケンフェロールをペラルゴニジンに変換できないが，ジヒドロミリセチンから青色色素であるデルフィニジンへの変換を効率よく行うことができる。

このように他の植物から，目的に適合する遺伝子を導入することにより，目的とする青いカーネーション（品種名：ムーンダスト）の創出に成功した（**口絵 1**）。

つぎに白いトレニアの作成例を示す[2]（**口絵 2**）。トレニア品種のサマーウェーブは青色の花を咲かせる。この品種は通常のトレニアに比べ，ほふく性がある，花づきがよい，開花期間が長いなどの特徴があるが，白色品種は存在しない。従来の交配法によって白色花を作出しようとする場合，これらの長所が失われてしまう恐れがある。

この問題を解決するため，カルコン合成酵素（CHS）またはジヒドロフラ

バノール 4-還元酵素遺伝子の発現を抑制したところ，アントシアニン合成が減少して，白ないし色の薄くなった個体が多数得られた。これらの中から，白の系統と，4枚のうち2枚の花弁と花弁の筒の部分が白くなった（残りの部分は青色）株が新品種として選抜された（口絵3）。さらにバラのジヒドロフラバノール 4-還元酵素遺伝子を組み込むことによりピンク色の品種も得られた（口絵2）。遺伝子組換えによって作出された品種を見ると，単純に目的とした花色のものだけでなく，斑入りや，花弁の周囲のみ色が変わったもの（覆輪）など種々さまざまな表現形質のものが得られており（口絵4，ペチュニアの例），この技術の応用もそれほど簡単ではないこと，別の見方をすれば予期しなかった品種が作成される可能性のあることを示している。このように遺伝子組換え技術の採用により，アントシアニン合成経路の発現をコントロールし，他の優れた性質を損なうことなく花色だけを変えることが可能となっている。

同様な技術を使って青いバラの作出にも成功している[3), 4)]（口絵5）。これがバイオテクノロジーによる植物育種の利点の一つである。

8.3 フラボンおよびフラボノール

フラボン（flavone）および**フラボノール**（flavonol）は，植物界に最も広く分布する代表的フラボノイドであり，黄色で結晶性のものが多く，配糖体として見出されるものが多い。代表的なフラボノールの分布はつぎのとおりである[1)]。

ケルセチン（図8.7）は最も広く分布するフラボノイドであり，樹木や果物の外皮に含まれる。また配糖体として存在することが多い。水酸基に結合する糖の種類，結合位置の違いによって数多くの関連化合物が知られている。

ルチンはケルセチンにルチノースという糖が結合した化合物であり，ソバの全草，タバコの葉，エンジュのつぼみなどに含まれる。毛細血管透過性抑制薬として内出血予防に用いられる。

ケンフェロールはケルセチンに次いで自然界に広く分布しており，ゲンノショウコの全草，ノイバラの果実に存在する。

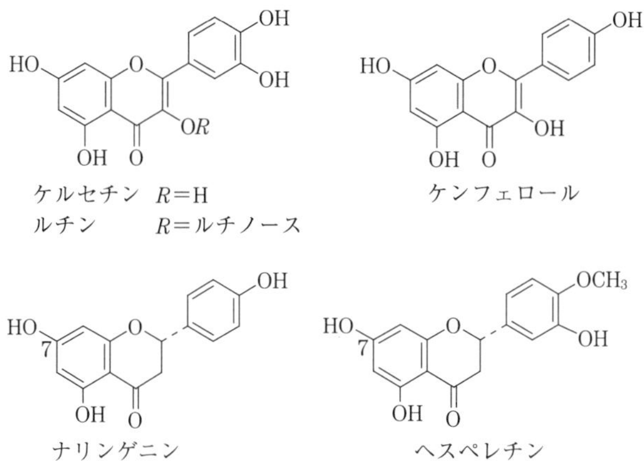

図 8.7 ケルセチンとその類縁化合物の構造

フラバノンに属する**ナリンゲニン**（naringenin）はヨモギ属，ダリア属などのキク科植物に分布している．**ナリンギン**（naringin）はナリンゲニンの7-位配糖体であり，ダイダイ，ウンシュウミカンなどの多くの柑橘類に含まれ，その苦味成分の一つである．これらの果実が熟すると糖が外れ，無味のナリンゲニンとなるため，甘味を感じるようになる．ヘスペリジンはナリンギンと同様にヘスペレチンの7-位配糖体であり多くのミカン科の植物に含まれる．ナリンゲニンの場合とは異なり，配糖体は無味である．

8.4 カルコン，オーロンの分布

カルコン（chalcone），**オーロン**は多くの黄色植物に含まれている黄色色素である．その配糖体には苦味や甘味を呈するものがある[1]．

カルコンのトリヒドロキシおよびテトラヒドロキシ誘導体である**イソリクイリチゲニン**，**ブテイン**は黄色花のダリアなどに含まれている（図8.8）．

オーロンのヒドロキシ誘導体である**スルフレチン**や**オーレオシジン**は配糖体としてキバナコスモス，ダリアなどのキク科植物やキンギョソウなどに存在する．オーロンは鮮やかな黄色を呈するため，将来その生合成遺伝子を利用することにより，黄色いシクラメン，ゼラニウム，インパチェンス，トルコギキョ

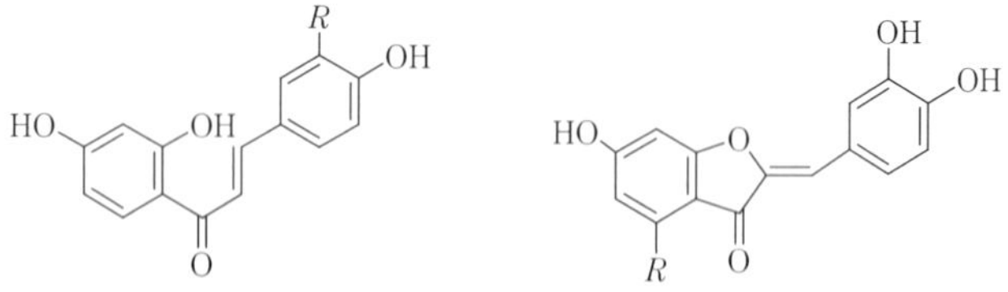

図8.8 カルコンとオーロンの誘導体

イソリクイリチゲニン　　R=H
ブテイン　　　　　　　R=OH

スルフレチン　　　　　R=H
オーレオシジン　　　　R=OH

ウなどの作出に利用されることが期待されている[2), 3)]。

8.5 イソフラボン

多くのフラボンが1,3-ジフェニルプロパン骨格をもち，配糖体として見出されるのに対して，**イソフラボン**（isoflavone）はフェニル基が転位した1,2-ジフェニルプロパン骨格を有しており，配糖体としてよりも遊離体として存在することが多い（図8.9）。

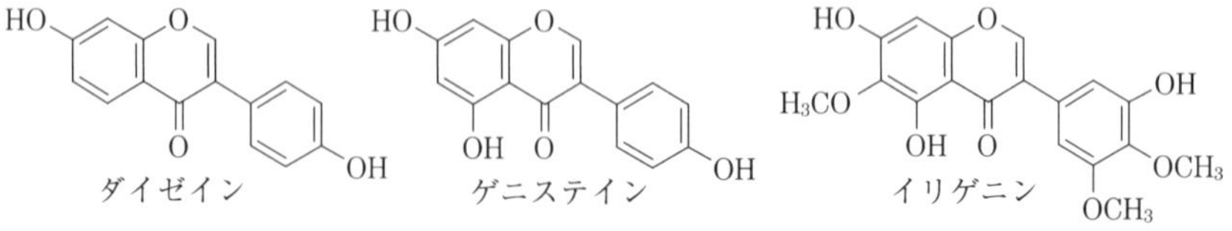

ダイゼイン　　　　ゲニステイン　　　　イリゲニン

図8.9 イソフラボンの誘導体

ダイゼインおよび**ゲニステイン**はマメ科植物に含まれる。また配糖体（7-O-β-D-グルコシド）としてクズの根やダイズ種子に含まれている。

イソフラボンはフラバノンから，図8.10 に示す機構で生成される[5)]。この転位反応は二段階の反応であり，転位を伴う P450 酸化反応†とそれに続く脱水反応とからなる。後者の反応は，2-ヒドロキシイソフラボンシンターゼに

---

† P450 は，水酸化酵素の総称であり，肝臓における解毒，ステロイドの生合成，植物・微生物における二次代謝産物の生合成など，多種多様な水酸化反応を触媒する。P450 は，分子内に1分子の鉄・ポルフィリン錯体であるプロトヘムを有しており，NADPH$_2$ などの電子供与体を用いて酸素分子を還元し，1分子の水の生成と，残った酸素原子の基質への導入反応を触媒する。P450 は，還元された状態で一酸化炭素と結合したとき，450 nm の波長に吸収を示すので，ピグメント（色素）450 という意味で P450 と呼ばれている。

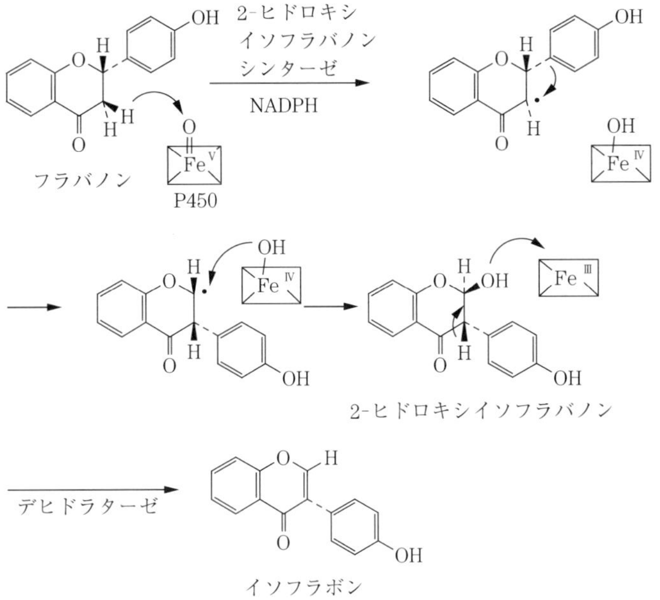

8.5 イソフラボン

図 8.10 フラバノンからのイソフラボンの生成反応

よって触媒される。反応は C-3 位の水素の引抜き反応によって開始され、フェニル基が C-2 から C-3 位へ転位し、C-2 位に生じたラジカルに水酸化が起こる。中間体の 2-ヒドロキシイソフラバノンは脱水反応によりイソフラボンへと変化する。なお、この反応に関する遺伝子はクローニングされている[6]。

イソフラボンで重要なのは、その生理作用である。**図 8.11** に示すようにイソフラボンはその構造が女性ホルモンであるエストラジオールに類似しているため、ホルモン様作用を示す。女性の場合、閉経後に女性ホルモンの分泌が減少するため、欧米人では骨粗鬆症の患者の出現率が高い。これに比して、日

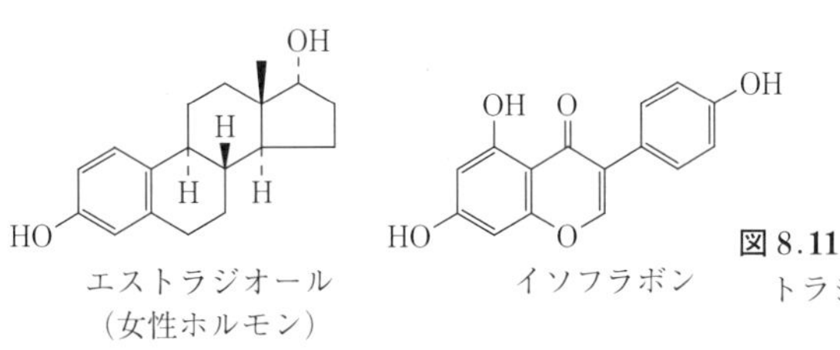

図 8.11 イソフラボンとエストラジオールの構造の比較

本人を含めた東南アジア人には骨粗鬆症が少ない。その理由は大豆製品に由来する食物（豆腐，味噌，醤油）を多量に食べるためといわれている。一方ホルモン作用を受けやすい幼児に対し，多量の大豆製品を与えるとなんらかの好ましくない影響を及ぼす恐れがあるという説も出されている[7]。

引用・参考文献

1) 田中　治，野副重男，相見則郎，永井正博　編：天然物化学，改訂第5版，pp. 213-223，南光堂（1998）
2) 勝元幸久，田中良和：花の色のバイオテクノロジー，蛋白質・核酸・酵素，**47**，3，pp.225-230（2002）
3) 勝元幸久，田中良和：青いバラへの長い歩み，化学と生物，**43**，2，pp.122-126（Feb. 2005）
4) サントリーの研究開発：http://www.suntory.co.jp/company/research/hightech/flower.html（2006年2月現在）
5) Hakamatsuka, T. and Sankawa, U.：Recent progress in studies of the biosynthesis of isoflavonoids：oxidative aryl migration during the formation of the isoflavone skeleton, J. Plant Res., **Special issue 3**, pp.129-144（1993）
6) Ayabe, S., Akashi, T. and Aoki, T.：Cloning of cDNA encoding P450 in flavonoid/isoflavonoid pathway from elicited leguminous cell cultures. Method in Enzymology, **357**, pp.360-369（2002）
7) デボラ・キャドバリー（古草秀子　訳）：メス化する自然，環境ホルモン汚染の恐怖，pp.122-129，集英社（1998）

9 植物ホルモン

　植物ホルモンは「植物によって生産される生長調節物質で，低濃度で植物の生理過程を調節する物質」と定義されている。本来のホルモンの定義は，「生体内外の情報に応じて動物組織の内分泌細胞によって生産・分泌され，血流によって標的細胞へ輸送され，外来性のシグナルとして標的細胞の活性を調節する物質」であるが，植物ホルモンは動物ホルモンのように特定の器官でのみつくられるものではなく，また作用点が生産された部位から離れた部位だけでないことが見出されている。

　現在までに見出されている植物ホルモンを図 9.1 に示す[1)~3)]。エチレンを除き各植物ホルモンは，構造の類似した複数の化合物からなる。各グループを代表する化合物名に基づき，ホルモン名が与えられているが，活性本体が単離される前にその作用に基づいて命名されたもの（オーキシン）や固有名が異なる化合物によりそのグループが構成されている場合（サイトカイニ

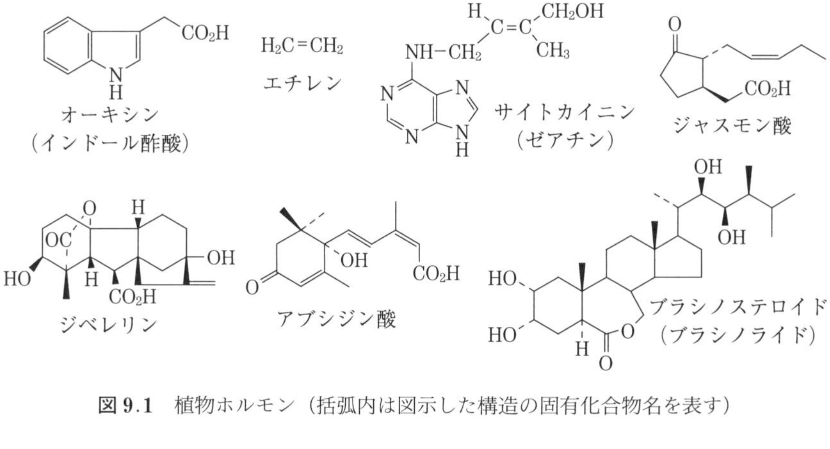

図 9.1　植物ホルモン（括弧内は図示した構造の固有化合物名を表す）

ン，ブラシノステロイド）は，図示した化合物とは異なる名称がホルモン名として使われている。

これらのホルモンは，その作用に基づいて図9.2に示すように，抑制型と促進型の2種類に大別される[4]。動物と異なり，植物は移動することができないため，激しい環境の変化（強い日差し，乾燥など）に耐え，また食害昆虫から身を守る機構が必要であり，これに関係しているのが抑制型のホルモンである。促進型は，良好な環境条件下で作用し，植物の生長促進を促す。しかし植物ホルモンの作用は複雑で多岐にわたるため，必ずしもこれに当てはまらないケースもあることに注意する必要がある。

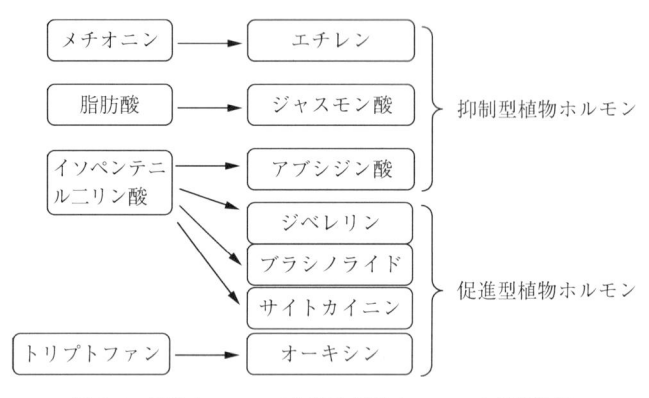

図9.2　植物ホルモンの作用と植物ホルモンの前駆物質

生合成的には，メチオニンやトリプトファンなどのアミノ酸に由来するもの，不飽和脂肪酸に由来するもの，テルペノイドに属するものに分類されるが，テルペノイドに属する化合物が多いことがわかる。

各ホルモンの主要生成部位とその移動は，図9.3に示した。

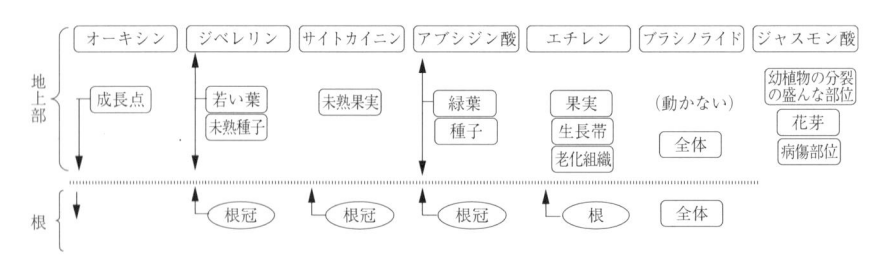

図9.3　植物ホルモンの主要生成部位とその移動[4]

9.1 オーキシン

　植物の屈光性は古くから知られていた。1880年Darwin親子はオートムギを用いて実験を行い，その幼葉鞘の先端部が光の方向に屈曲すること，この部分を切除すると屈光性を示さないことを報告している（**図9.4**）。1913年Boysen-Jensenは，先端部の光の来る方向の裏側に雲母片を差し込んでも，変化が生じないが，表側に差し込むと光の来る方向に屈曲することを見出した。1928年Wentは先端部を切り取り，寒天片に載せてしばらく放置した後，この寒天を先端部を切除した幼葉鞘に載せると，載せた部位の反対側に屈曲することを報告している。このことから初めて物質が屈光性に関係していることが証明された。1931年にオランダのKöglらのグループがこの活性物質の単離に成功し，オーキシンa，bと命名し構造決定を行った。

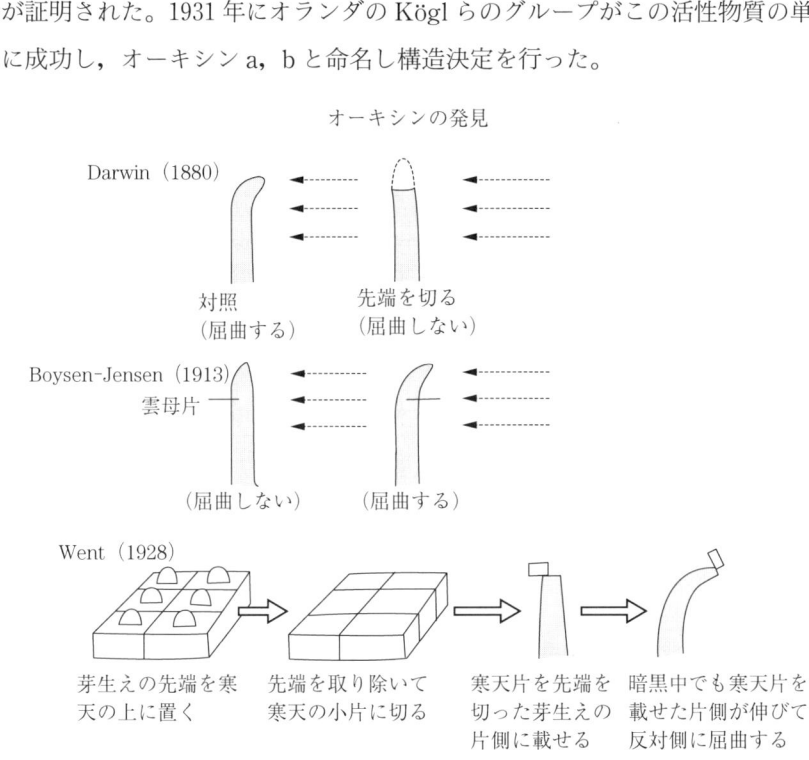

図 9.4　光に対する幼葉鞘の反応[4]

しかしその後の研究で再現性がなく，また合成品にも活性が認められなかったことより，オーキシンa，bは幻の化合物に終わった。彼らは副産物として，ヘテロオーキシンを単離し，インドール酢酸（IAA）と同定した。インドール酢酸は現在知られているオーキシン活性を示す化合物の代表であり，天然オーキシンとインドール酢酸はほぼ同意語として使われている。**インドール酢酸**（indoleacetic acid）は図9.5に示す経路で，トリプトファンから生合成される。なお厳密にはインドール酢酸はインドール-3-酢酸と呼ぶべきであるが，通常単にインドール酢酸と呼ばれている。

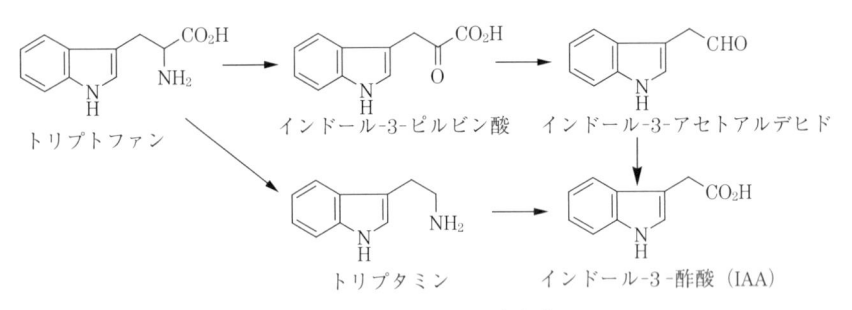

図9.5 オーキシンの生合成

オーキシン（auxin）には以下のような生理作用が報告されている[1),2)]。

(1) **細胞伸長効果**

　　幼植物の細胞に対して伸長促進を示す。これは細胞壁がオーキシンの作用によって緩められ，細胞の吸水が促進され，細胞の伸長が起こるためであり，細胞の増殖によるものではない。

(2) **発 根 作 用**

　　切除した茎や葉をオーキシンで処理すると発根（不定根）が促進される。

(3) **離層形成の遅延作用**

　　茎のほうにオーキシンを作用させると離層の形成を促し，葉のほうに投与すると逆に離層の形成を抑える。

9.2 エチレン

(4) 脱分化に対する作用

植物の茎や葉の切片を高濃度のオーキシンで処理すると，切片から無方向，無定型に増殖する細胞群が発生する。この細胞群をカルスと呼ぶ。

(5) 木部分化

高等植物における茎，根，葉柄(ようへい)，幼葉鞘などにおける導管の分化が，直接的にオーキシンによって誘導される。

オーキシン作用をもつ構造類似の合成オーキシンには，図 9.6 に示すような化合物がある。いずれも安息香酸の誘導体であり，植物の生育調節に利用される。

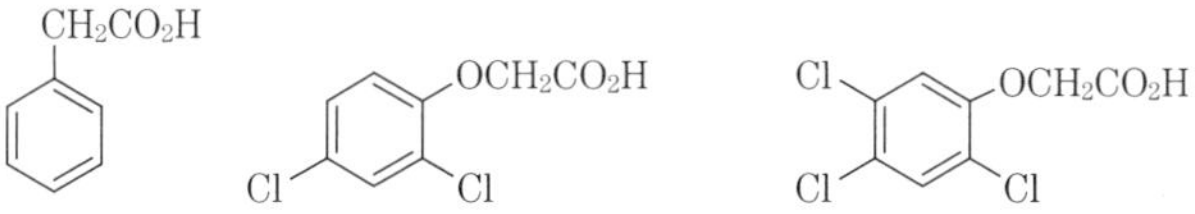

フェニル酢酸　　2,4-ジクロロフェノキシ酢酸 (2,4-D)　　2,4,5-トリクロロフェノキシ酢酸 (2,4,5-T)

図 9.6　合成オーキシンの構造

9.2 エチレン

ありふれたガスである**エチレン**（ethylene）が多くの植物に形態異常を引き起こすことが，ガス灯のまわりの植物が落葉する，温室の暖房に用いていたガスが漏れて植物に被害を及ぼす，などの事例から知られていた。この現象を研究した Neljubow（1901 年）や Crocker など（1908 年）は，エチレンが原因物質であることを証明した（図 9.7）。

その後カリフォルニアの柑橘栽培において，レモンの人工成熟にエチレンが有効であることが見出されたのを契機として，トマト，バナナ，メロンなどの多くの果実の成熟が微量のエチレンによって促進されるのが認められた。

エチレンの主な生理作用には以下のようなものがある[1)~3)]。

(1) 果実の熟成促進作用

果実の成熟は，葉緑素の分解，カロチノイドなどの色素の合成，糖質の蓄積，香気成分の生成などのいろいろな現象によって特徴づけられる。

9. 植物ホルモン

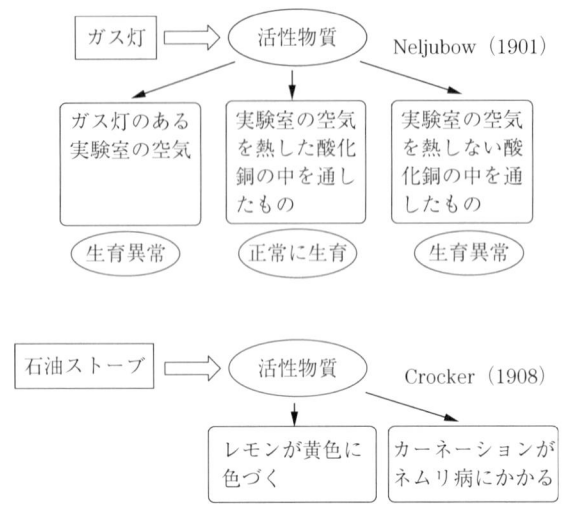

```
[ガス灯] ⇒ (活性物質)   Neljubow (1901)
           ↙    ↓    ↘
   ガス灯のある   実験室の空気    実験室の空気
   実験室の空気   を熱した酸化   を熱しない酸
              銅の中を通し   化銅の中を通
              たもの        したもの
    (生育異常)   (正常に生育)   (生育異常)


[石油ストーブ] ⇒ (活性物質)   Crocker (1908)
                 ↙     ↘
        レモンが黄色に    カーネーションが
        色づく          ネムリ病にかかる
```

図 9.7　エチレンの植物ホルモン作用発見の経緯[4]

この期間に，呼吸が一時的に上昇し，エチレンの急激な生成が認められる。果実の組織にエチレンを与えると，呼吸の上昇が早められたり，強調されたりして，成熟が促進される。これを利用して，未熟なままの果実を産地から輸送し，消費地でエチレン処理することが行われている。輸入バナナはその代表例である。

また，合成品であるエスレル（図 9.8）は pH 4 以上にすると分解して，エチレンを発生する。この現象を利用し，果実などに散布して，果実の着色を促進することが行われている。

$$\text{HO} - \overset{\overset{O}{\|}}{\underset{\underset{OH}{|}}{P}} - CH_2CH_2Cl$$

図 9.8　エスレルの構造

(2) **落葉，落果作用**

エチレンは離層形成を促進する。老化した葉ではエチレンが生成され，落葉，落果を引き起こす。

(3) **種子の発芽**

エチレンは種子の発芽を促進する。種子を水につけると発芽が起こる

際に，エチレンの生成が促進され，発芽する。

エチレンの生合成経路を図 9.9 に示す。前駆体のメチオニンが S-アデノシルメチオニンに変換され，次いで a-アミノシクロプロパンカルボン酸を経て生成される。

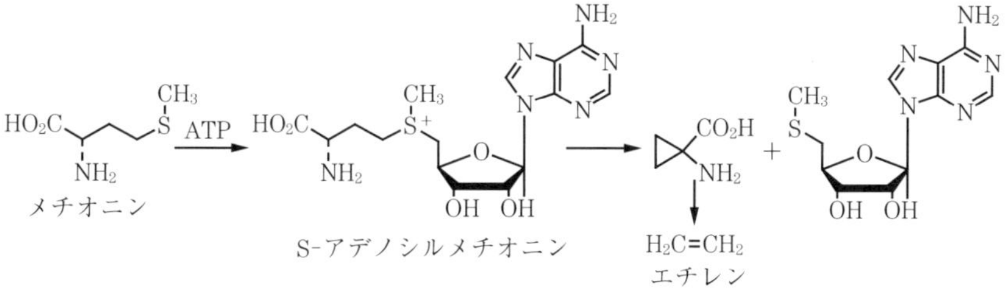

図 9.9 エチレンの生合成機構

9.3 サイトカイニン

サイトカイニン（cytokinin）はアメリカのウィスコンシン大学のスクーグの研究グループにより，植物の組織培養の研究中に初めて発見された。彼らはオーキシン共存下のタバコのカルス培養において，ココナッツミルクあるいは酵母抽出物中に細胞増殖を促進する作用のある物質が存在することを見出した。その経緯はつぎのとおりである。まずタバコの髄を 2 ないし 3 箇月培養するとカルスが形成されるが，このカルスを新しい培地に移し替えると，カルスは成長を停止してしまった。このことは，新しい培地にはカルスの成長を行わせる活性物質が存在しないこと，換言すればカルスの成長にはなにか活性物質が必要であることを意味している。そこで種々化合物を検討したところ，ココナツミルクあるいは酵母抽出液を添加した場合には，カルスが増殖を始めることを見出した。この活性本体を精製し，カイネチンと命名し，その構造を 6-フルフリルアミノプリンと決定した。しかしこの化合物は DNA の熱分解によって生じたものであり，植物本体から得られた真の活性成分ではなかった。天然サイトカイニンは，トウモロコシの未熟種子から初めて単離され，**ゼアチン**（zeatin）と命名された。次いで種々の植物から多くのアデニン誘導体が得ら

れた（図9.10）。これら化合物はいずれもアデニン（6-アミノプリン）の6-位のアミノ基に，二重結合を有するC5単位が結合したものである。

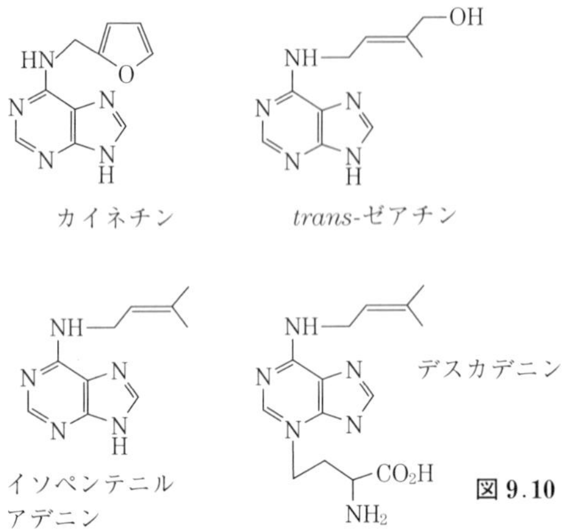

図9.10 代表的なサイトカイニン

デスカデニン（discadenine）は**細胞性粘菌**（*Dictyostelium discoideum*）から，自己の胞子の発芽を抑制する物質として得られた化合物であり，植物ホルモンではないが，サイトカイニンと共通する構造を有し，顕著なサイトカイニン活性を示す．他の化合物と異なり，アデニンの3-位に置換基のあるのが特徴である．

サイトカイニンの生理作用は以下のとおりである[1)~3)]．サイトカイニンは，オーキシン存在下で細胞分裂の誘導促進と，シュート（茎と葉）形成の誘導効果を示すが，両者の比によってその作用が異なる．タバコカルスをサイトカイニン：オーキシン＝1：10の割合で処理すると増殖がよくなる．サイトカイニンの割合を増大させると，シュート形成が促進される．逆に，サイトカイニンの割合を減少させると，発根が促進される．この現象を利用して，植物の挿し木による増殖や遺伝子組換え植物の作成などが行われており，実用的に重要な技術となっている．

また，サイトカイニンには老化阻止作用があり，植物体から切り離した葉をサイトカイニンを含む水溶液中に浮かべておくと，サイトカイニンを含まぬ水

溶液の場合よりも，長期間新鮮さを保つことが可能となる。

9.4 ジベレリン

　イネのかかる病気の一つに"イネ馬鹿苗病"があり，稲作に多大の被害を与えてきた。イネ苗(なえ)は，異常に背丈が伸び，葉の色が淡くなり，穂を出して実を付けることがなく，多くは枯死する。この病気はカビ *Gibberella fujikuroi* の寄生(こし)によって発生する。この現象を研究していた黒沢英一は，馬鹿苗病菌を培養し，擦りつぶした培養物から菌を含まない水溶液を調製し，これが馬鹿苗病に罹患(りかん)したイネと同じ症状を苗に起こすことを見出した。その後，1938年に藪田，住木らがこの物質を結晶として単離，**ジベレリン**（gibberellin）と命名した。多くの研究者が化学構造について研究を行ったが，1959年にクロスが化学反応により最終的にその構造を決定した。また同年McCapraがジベレリン A_3 のブロム誘導体のX線結晶解析により立体を含めて決定した。
　その後，多数のジベレリンが馬鹿苗病菌の培養から単離された。
　1958年に初めて高等植物のベニバナインゲンの未熟種子からジベレリン A_1 が単離され，ジベレリンが真の植物ホルモンと認定された。植物から単離されたジベレリンはカビ *G. fujikuroi* から単離されたカビ起源のジベレリンと区別して内生ジベレリンと呼ばれる。
　ジベレリンは120を超える類縁体が単離されており，登録順にGAに番号を付して呼ばれる（GA 番号）[2]。グルコースとの配糖体，エステル体などの誘導体も見出されている。ジベレリンは *ent*-ジベレランと呼ばれる図9.11に示す基本骨格を有するが，活性型のジベレリンは20位の炭素を失っている。
　ジベレリンの生合成は，図9.12に示すように進行し，ゲラニルゲラニル二リン酸から *ent*-コパリル二リン酸を経てまず四環性の *ent*-カウレンが形成される。次いで種々の酸化反応を受け，最初のジベレリンである GA_{12}-7-アルデヒドが形成される。さらに酸化反応を受け，GA_{19} となる。次いで20位の炭素を失った活性型の GA_1 へと変換される。ジベレリンの生合成において，13位への水酸基の導入の有無，他の位置への水酸基の導入，20位の炭素の除去，

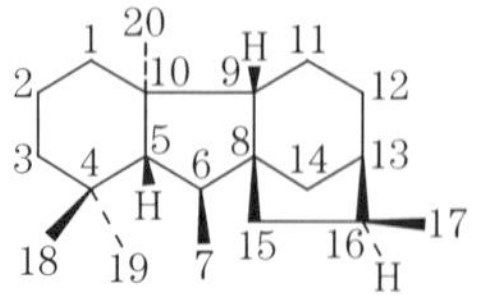

図 9.11　ジベレリンの基本骨格（*ent*-ジベレラン）

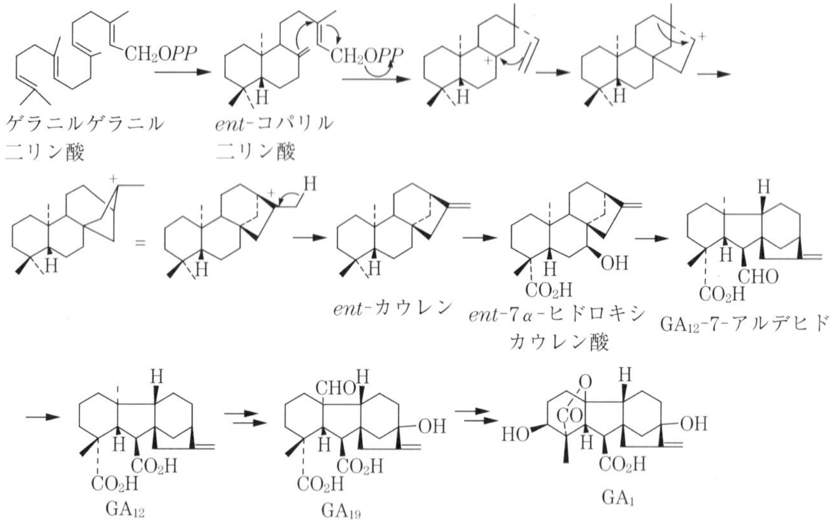

図 9.12　ジベレリンの生合成

二重結合の導入などが行われ，多くの類縁体が形成される。これらのうち，強い生理活性を示す代表的な活性型ジベレリン GA_1，GA_3，GA_4 の構造を図 9.13 に示す。

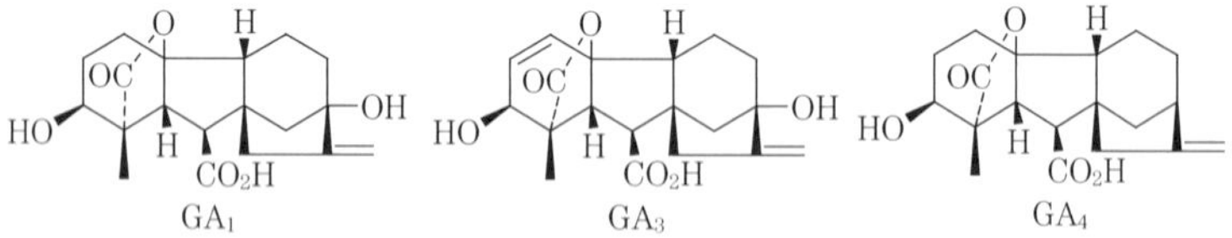

図 9.13　代表的な植物ジベレリン

代表的な植物ジベレリンである**ジベレリン A_1** は，ベニバナインゲン，キュウリ，メロン，レモン，オレンジ，イネなどから，また**ジベレニン A_3** はベニバナインゲン，アサガオ，サツマイモ，ワタ，オオムギなどから単離されている。

ジベレリンはつぎのような生理活性を示す[1)~3)]。

(1) **成長促進**

植物の茎の伸長を起こす。葉は縦方向に伸長する。矮性(わいせい)植物もジベレリン処理により背丈が伸長する。

(2) **休眠の打破**

タバコ，レタスなどの発芽には，光が必要であるが，ジベレリン処理により暗所でも発芽する。

(3) **果実の生長**

ジベレリン処理により，果実を受精なしで生長肥大させることができる。ブドウ，トマト，モモ，ナシなど多数の高等植物に作用を示す。ブドウをジベレリン処理すると，粒の大きな種なしブドウを生産することができる。この技術は実用化されている。

(4) **花芽(はなめ)形成の促進，開花促進**

高等植物の花芽形成には，一定の低温時期を経ることが要求され，また日長も影響する。ジベレリン処理により，レタス，ハツカダイコン，ニンジン，キャベツなどは花芽形成が促進される。

9.5 アブシジン酸

アブシジン酸は，葉や果実の脱離現象にかかわるホルモンである。ワタを大量に栽培しているアメリカでは，開花した後，その実が未熟のまま落下することが大問題であった。アディコットと大熊は，この現象の研究を行い，若いワタの実から活性を単離し，アブシジンⅡと命名した（1963年）。その後同じ物質がカエデの休眠物質として，またルピナスからも単離され，植物に広く分布していることが判明し，植物ホルモンとして認知された。これら研究の過程で種々異なる名称が与えられていたため，**アブシジン酸**（abscisic acid, **ABA**）の名前で統一された[1)]。アブシジン酸は**図9.14**に示す絶対構造を有し右旋性を示す。

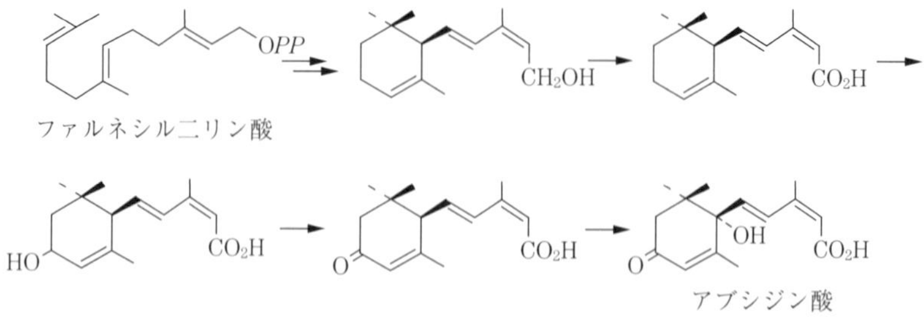

図9.14 真菌におけるアブシジン酸の生合成経路（直接経路）

アブシジン酸の生合成については，ファルネシル二リン酸の環化による直接経路（図9.14）と，カロテノイドの分解に由来する間接経路（図9.15）の両方が考えられており，結論が出されない状態が続いていた。しかしカロテノイド生合成阻害剤を使った実験やアブシジン酸欠損突然変異植物体の解析結果から，間接経路が主経路であると考えられるようになった。なお，アブシジン酸は植物のみでなく，種々の植物病原真菌によっても生産されることが見出された。真菌での生合成は直接経路で行われる。

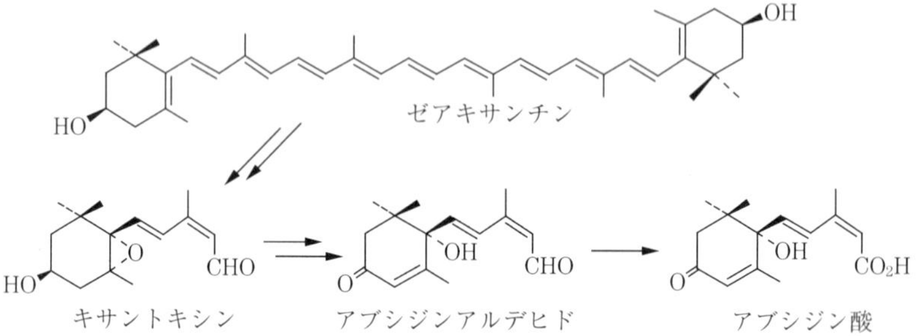

図9.15 植物におけるアブシジン酸の生合成経路（間接経路）

アブシジン酸は乾燥，低温などの植物にとっての悪条件克服のためのつぎのような生理作用を示す。

(1) 種子の休眠状態の維持。種子の休眠状態はアブシジン酸によって維持され，春になって生長ホルモンが増加し，アブシジン酸の含量が低下すると発芽するようになる。また，果実の果肉部分に含まれているアブシ

ジン酸は種子の発芽を抑制している。

(2) 気孔の開閉作用。土壌の乾燥により水分不足になり，葉の水分含量が減少すると，アブシジン酸の含量が増加する。その結果気孔が閉じて，葉の水分含量の減少を防ぐ。

9.6 ブラシノステロイド

1970 年に Mitchell らはアブラナの花粉から成長促進物質としてブラッシンを粗生成物として単離した。その活性本体は 1979 年に構造決定され，ステロイドであることが明らかとなり，**ブラシノライド**（brassinolide）と命名された（**図 9.16**）。以後カスタステロンの単離に続いて，多数の類縁体が分離され，これらは**ブラシノステロイド**（brassinosteroid，**BR**）と総称されるようになった。その生理作用は 1980 年代初期に盛んに研究され，また 1997 年ごろまでに生合成経路が明らかにされた。1996 年以降，ブラシノライドの生合成やシグナル伝達に欠陥をもつ矮性突然変異体が多数発見され，ブラシノライドが植物ホルモンであることが決定的となった[1)~3)]。

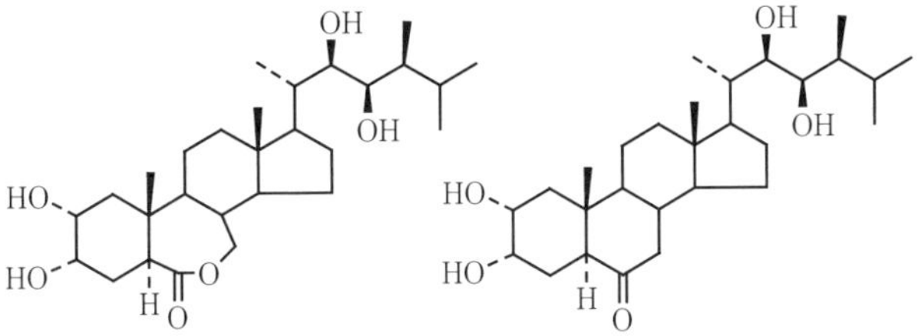

ブラシノライド　　カスタステロン

図 9.16　ブラシノライドとその類縁体カスタステロン

1982 年に，2 番目の天然ブラシノステロイドとして，**カスタステロン**（castasterone）がクリの虫（ちゅう）エイから単離された。引き続き日本の研究者を中心にして，40 種以上の類縁物質が双子葉類，単子葉類，裸子植物，シダ植物，緑藻類など多くの植物から単離されるに至った。ブラシノステロイドは強力な成長作用を示すが，このような物質が長く単離されずにあったのは，植物中の含

量が他の植物ホルモンに比べて低く,その単離には高速液体クロマトグラフィーなどの高度な分析技術の進展が必要であったためである。また一方,ブラシノステロイドの生理作用はオーキシンと似た点が多いため,研究者があまり注目しなかったためもある。

ブラシノステロイドの生合成については1990年ごろより研究が開始され,1997年ごろまでにその全体像が明らかにされた。シクロアルテノールから側鎖にメチル基が導入されたカンペステロールに変換後,数段階で5α-カンペスタノールへ変換される。ここからC-6がすぐ酸化される早期C-6酸化経路に進むと6-オキソカンペスタノールを経てカスタステロンへ,酸化が遅い段階で起きる後期C-6酸化経路に入ると6-デオキシカスタステロンを経てカスタステロンに変換される。最後にB環が酸化反応を受けてブラシノライドになる（図9.17）。

近年関係する大部分の生合成遺伝子も解明され,その詳細な生合成経路が明らかにされている。またこれらの遺伝子が欠損した変異株の解析からブラシノライドの作用も解明されている。

ブラシノライドの主な生理作用としては以下のものが知られている。

(1) **細胞伸長作用**

基本的な作用は細胞伸長である。その効果は胚軸,幼葉鞘,花柄などさまざまな組織に認められる。ブラシノライドの伸長作用には最適濃度がありそれを超えると,茎の肥大,捻転,さらにはインゲンマメでは裂開を起こす。一方,組織の齢によって,ブラシノライドに対する感受性は変化し,コムギの子葉鞘(幼葉鞘と同じ)や矮性エンドウ切片においてはジベレリンに対する感受性の高い時期が最初に出現し,ついでブラシノライド,最後にオーキシンに対する反応適期が現れる。

(2) **分化作用**

ヒャクニチソウなどの培養細胞において道管や仮道管の分化を促進する。一方,ブラシノライドは他のホルモンの共存下で培養細胞の再分化を促進する場合がある。

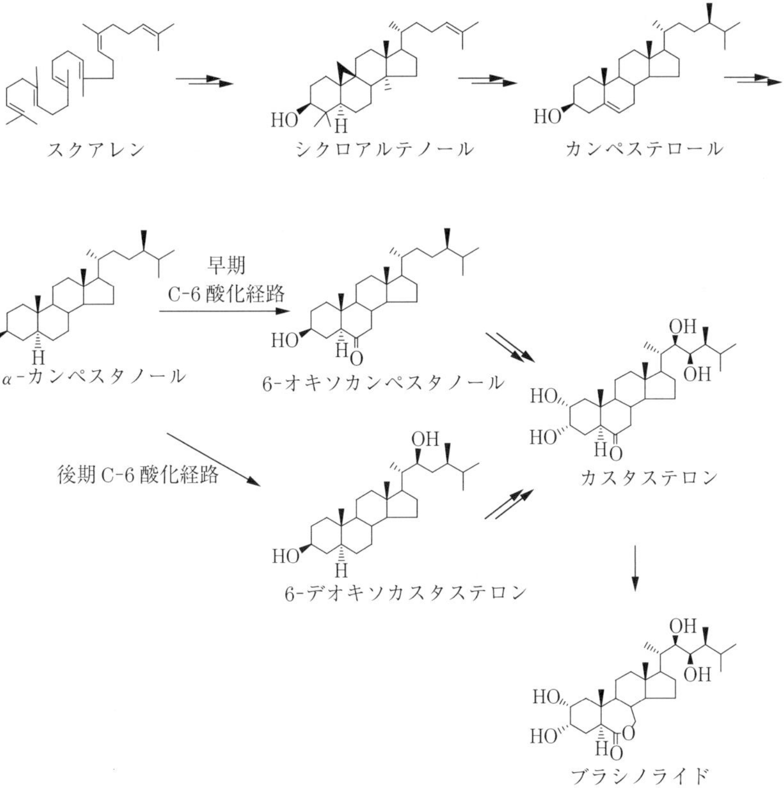

9.6 ブラシノステロイド

図9.17 ブラシノライドの生合成経路

(3) **葉や茎における屈曲反応**

　　イネのラミナジョイントにおいては，向背部の細胞がブラシノライド特異的に伸長・肥大するために屈曲が起こる．その活性の強さはオーキシンの約1万倍である．

(4) **ストレス耐性**

　　耐病，耐冷，耐塩，耐除草剤などの耐性を賦与したり，穀類の弱勢部位の稔実を促進し，その結果として農作物を増収させる．

(5) **光形態形成の阻害**

　　光のない所で発芽すると，子葉は閉じたままで，茎は曲がった状態

(フック)となる。ブラシノライド生合成阻害剤であるブラシナゾール処理によりブラシノライドの生合成を抑制すると，子葉が開き，フックが解消され，本葉の形成が促進される。この状態は，光照射時に見られる現象と同様である。しかしながら葉の緑化は観察されない。

9.7 ジャスモン酸

ジャスモン酸 (jasmonic acid) のメチルエステルであるジャスモン酸メチルは，ジャスミンの花の香りとして1962年に最初に発見された。香料としての重要性から合成研究が行われ，種々の誘導体が調製された。1971年に植物病原菌からジャスモン酸が単離され，植物成長阻害活性を示すことが見出された。1981年に植物種子中から遊離のジャスモン酸が単離され，そのイネなどの幼植物に対する成長阻害活性(植物ホルモンとしての活性)が初めて報告された。その後，種々の病傷害に応答する遺伝子発現の誘導がジャスモン酸投与によっても起こることが発見され，植物ホルモンとして認知されるようになった[1]~[2]。

図9.18に示すようにジャスモン酸には，7-位の立体化学の相違による2種類の異性体が存在する。図9.19にまとめた生合成経路で示すように，植物体内でまずイソジャスモン酸(エピジャスモン酸とも呼ばれる)が形成される

(＋)-7-イソジャスモン酸
(*cis*-ジャスモン酸)

(−)-ジャスモン酸
(*trans*-ジャスモン酸)

ツベロン酸

プロスタグランジン E_1

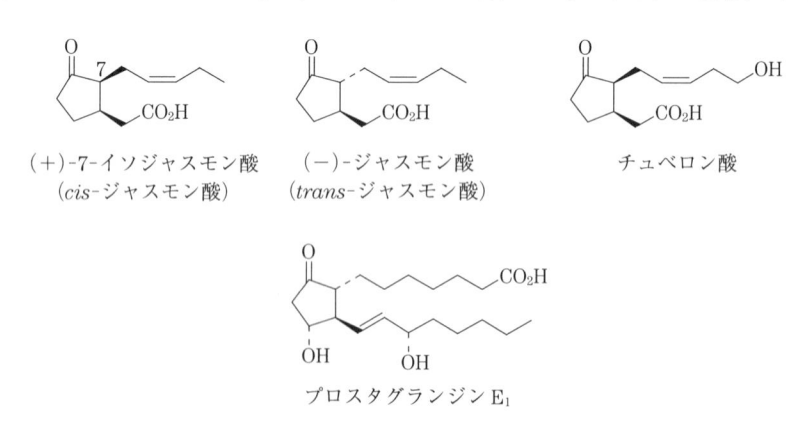

図9.18 ジャスモン酸とその類似物質の構造

9.7 ジャスモン酸

α-リノレン酸

↓ リポキシゲナーゼ

13(S)-ヒドロペルオキシリノレン酸

↓ アレンオキシド合成酵素

12,13(S)-エポキシリノレン酸

↓ アレンオキシドシクラーゼ

12-オキソ-cis-10,15-フィトジエン酸（12-オキソ-PDA）

↓ 12-オキソ-PDA還元酵素

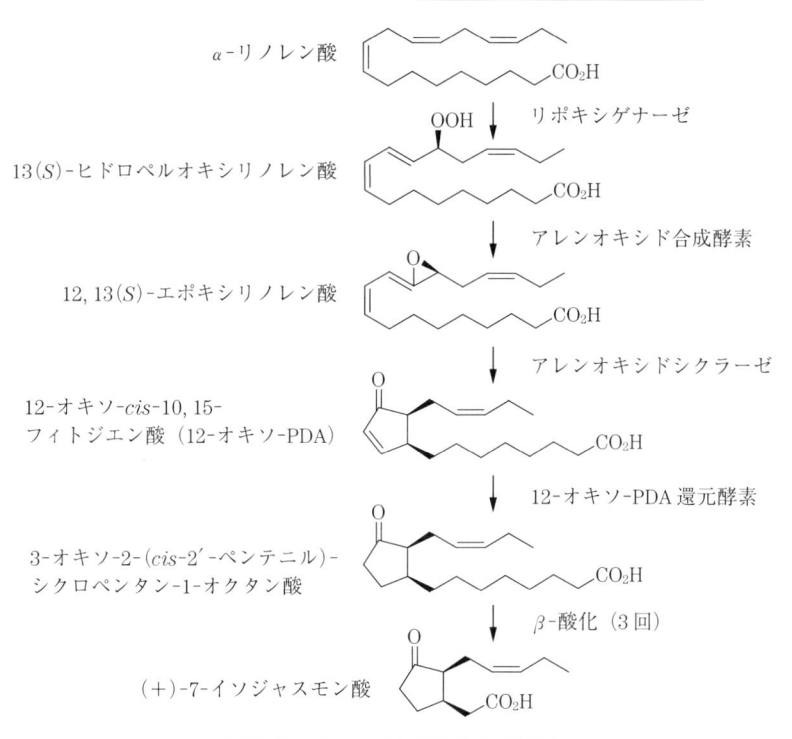

3-オキソ-2-(cis-2′-ペンテニル)-シクロペンタン-1-オクタン酸

↓ β-酸化（3回）

(＋)-7-イソジャスモン酸

図9.19 ジャスモン酸の生合成経路

が，7-位がケトンに隣接するため，容易に化学的に安定なトランス体に変化する。構造的には，動物に対して種々の生理活性（血圧降下，血小板凝固阻害，子宮収縮，血管拡張など）を示すプロスタグランジンに類似している。

ジャスモン酸の生合成経路を図9.19に示す。ジャスモン酸は，α-リノレン酸がリポキシゲナーゼの作用を受け，過酸化体となり，つぎにアレンオキシドシクラーゼによって環化した化合物に変換される。続いて，環内二重結合の還元，側鎖のβ酸化による変換を経てジャスモン酸となる。これらの反応にかかわる酵素はすべて精製され詳細な研究が行われている[1]。

ジャスモン酸の主な生理作用としては以下のものが知られている。

(1) 病傷害応答

植物に傷を付けるとジャスモン酸レベルが上昇し，プロテアーゼイン

ヒビターの誘導が起こる。この誘導は，植物が昆虫などの摂食行動を受けたときの防御反応と同じである。病原菌が感染したときにも同様なジャスモン酸の上昇が見られる。

(2) **老化と離層形成の促進**

ジャスモン酸処理により，葉の黄色化，離層形成が起こり，葉の脱離が促進される。

(3) **形態形成**

ジャスモン酸生合成経路の変異株では，雄性不稔になり，葯の開裂ができず，花粉の発芽能が著しく低下する。

ジャスモン酸の誘導体であるチュベロン酸（図9.18）とそのグルコシドはジャガイモにおいて強い塊茎形成誘導活性を示す。また蔓の巻きつきを誘導する活性を示すが，真の誘導因子は12-オキソ-PDA（図9.19）ではないかと考えられている。

引用・参考文献

1) 小柴共一，神谷勇治 編：新しい植物ホルモンの科学，講談社サイエンティフィク（2002）
2) 鈴木昭憲，荒井綜一 編：農芸化学の事典，pp.151-165，朝倉書店（2003）
3) 高橋信孝，丸茂晋吾，大岳 望：生理活性天然物化学，第2版，pp.4-76，東京大学出版会（1981）
4) 太田保夫：植物ホルモンを生かす—生長調節剤の使い方，農文協，pp.27-44（1987）

10 昆虫ホルモンと昆虫フェロモン

　昆虫が卵から孵化し,成虫となり,その一生を終えるまでの過程には多くの興味ある形態変化や特異的な行動が見られるが,それには多くの化学物質が関与している。これらは昆虫が卵から成虫へと変化する過程に関係する物質と,主として成虫になってからの行動を支配する物質とに大別される。前者は昆虫ホルモンであり,これら物質を生産する個体自身に作用し,後者である昆虫フェロモンは他の個体の行動に影響を及ぼす。

10.1　昆虫ホルモン

　昆虫が卵から孵化して幼虫,蛹,成虫となり産卵して一生を終えるまでには,休眠,脱皮,変態などの生理現象を必ず経過する。青虫が蛹を経てきれいな蝶に変化する現象は,何人をも魅了する特異的な現象である。このため多くの人々がこの現象に興味をもち,その解明に努めてきた。この現象に関係する物質である昆虫ホルモンの研究に関しては,つぎのような昆虫の特性を利用して行われてきた[1]。

(1)　閉鎖血管系をもたず,さまざまな器官が血液中に浮いたような解放血管系をもっている。

(2)　各体節ごとに気門があり,そこから取り入れた空気を各器官まで気管を通して運び,直接ガス交換を行っている。

(3)　中枢神経が脳に集中しておらず,各体節ごとに神経機能がかなり分散した神経節をもっている。

これらの特徴のため，昆虫では哺乳動物では考えられないような外科的手術を行い，ホルモン産生器官の同定を行うことが可能である．例えば，幼虫を適当な部位で縛って血液の流れを完全に遮断しても，縛った前半部も後半部も1週間以上生存させることができる．また，神経系の中枢である脳を取り除いた場合でも，幼虫では1週間以上，蛹の場合であれば数箇月も生存することが可能である．さらに免疫系がないため，拒絶反応がなく，臓器移植を自由に行うことが可能である．以上の昆虫の特性を利用して，ホルモン分泌器官の検索と同定，それに続いてのホルモンの精製，構造決定が行われた[2]．

昆虫の脱皮，変態に関係するホルモンとして，前胸腺刺激ホルモン，エクジソン，幼若ホルモンが知られておりこの三者の作用と分泌器官は図10.1に示してある．前胸腺刺激ホルモンは脳から，エクジソンは前胸腺から，幼若ホルモンはアラタ体から分泌され，エクジソンと幼若ホルモンの相互作用により脱皮と変態が制御されている．

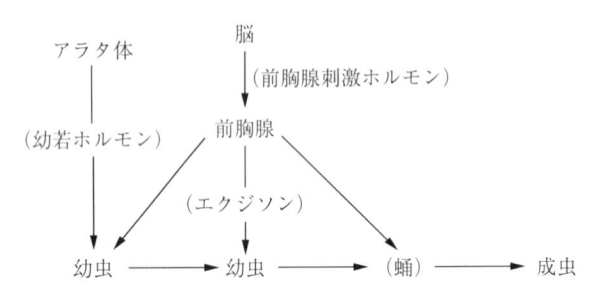

図10.1 幼虫の脱皮・変態ホルモンと分泌器官

10.1.1 前胸腺刺激ホルモンとボンビキシン

1922年ポーランド人のKopećが，終齢幼虫が蛹になるためには，脳から液性の因子が分泌されることが必要であることを示した．彼はマイマイガの終齢幼虫の頭と胴の間を時間を追って縛ってみた．脱皮間もない個体の場合，胴体は幼虫のままであった．しかし脱皮後かなり経過したものは，多少遅れるが蛹化した．このことからつぎのように結論した．頭の中のどこかから蛹化に必要な物質が分泌されており，その物質が分泌される前に頭と胴の間を縛ると蛹化

10.1 昆虫ホルモン

できないが，その物質が分泌されて体内に十分行き渡ってから縛ると，胴部も蛹化できる．次いで蛹化できない胴部に脳を移植することによって，蛹化が誘導されることを示した．

1947年 Williams は，この液性因子が前胸腺に作用し，脱皮ホルモン（エクジソン）の分泌を促進することで，脱皮，変態が誘導されることを証明し，この因子を**前胸腺刺激ホルモン**（prothoracicotropic hormone，**PTTH**）と命名した．

1961年京都大学の市川，石崎がPTTHは水溶性物質であることを示した．次いで東京大学の鈴木グループがPTTHの研究に着手し，蚕雄成虫の頭部を使い精製に取り掛かった．生物検定には，石崎らが使っていたエリサン除脳蛹の成虫化を指標とした．これは，蚕よりもエリサンのほうが安定した検定結果が得られたことと，基本的なホルモンには昆虫の種による特異性はないと仮定したためである．

1982年に活性物質の単離に成功し，数年後に全アミノ酸配列を**図10.2**のように決定した．この化合物はAとBの異なる2本のペプチド鎖からなり，また3箇所でシステインがジスルフィド結合しており，哺乳類のインシュリンと約40％の相同性をもつことが判明した[3]．なお，一方のペプチド鎖のN-末端はグルタミン酸が環化してピログルタミン酸（pGlu）となっている．この変化により，アミノペプチダーゼによる消化を受けにくくなっている．N末端がグルタミンであるペプチドについては，この特徴が見られることが多い．

しかし，このエリサン除脳蛹にPTTH活性をもつこの物質は，カイコに対

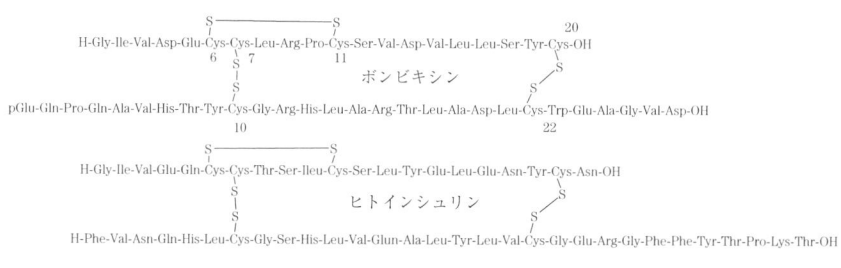

```
            S————————S
            |        |  
H-Gly-Ile-Val-Asp-Glu-Cys-Cys-Leu-Arg-Pro-Cys-Ser-Val-Asp-Val-Leu-Leu-Ser-Tyr-Cys-OH
                  6   7        11                                            20
                  S            S      ボンビキシン                S
                  |            |                                 |
pGlu-Gln-Pro-Gln-Ala-Val-His-Thr-Tyr-Cys-Gly-Arg-His-Leu-Ala-Arg-Thr-Leu-Ala-Asp-Leu-Cys-Trp-Glu-Ala-Gly-Val-Asp-OH
                              10                                            22

            S————————S
            |        |
H-Gly-Ile-Val-Glu-Gln-Cys-Cys-Thr-Ser-Ileu-Cys-Ser-Leu-Tyr-Glu-Leu-Glu-Asn-Tyr-Cys-Asn-OH
            S                 ヒトインシュリン                 S
            |                                                  |
H-Phe-Val-Asn-Gln-His-Leu-Cys-Gly-Ser-His-Leu-Val-Glun-Ala-Leu-Tyr-Leu-Val-Cys-Gly-Glu-Arg-Gly-Phe-Phe-Tyr-Thr-Pro-Lys-Thr-OH
```

図10.2 蚕脳ホルモン（ボンビキシン）とヒトインシュリン

しては活性を示さないことが判明した。そこでこのインシュリン型のペプチドはカイコガ（*Bombyx mori*）の学名にちなみ，**ボンビキシン**（bombyxin）と命名された。なお，ボンビキシンは脳間部の神経分泌細胞で合成され，アラタ体から分泌されるが，そのエリサンにおける役割はまだ不明である。

10.1.2　真の前胸腺刺激ホルモン

鈴木らのグループはPTTHの精製に再チャレンジし，カイコガ除脳蛹を用いた生物検定により，カイコガ頭部からのPTTHの精製に成功した。化学的方法で104残基まで決定したが，途中の41残基目とC末端を完全には決められなかった。後になり，41残基目のアスパラギンには**図10.3**に示す糖鎖が結合していることが証明された。最終的には，共同研究していた石崎グループが対応する遺伝子のクローニングに成功し，この遺伝子情報から**図10.4**に示す

$$\begin{array}{c}
\text{Man } \alpha\ 1 \qquad\qquad\qquad \text{Fuc } \alpha\ 1 \\
\Big| \qquad\qquad\qquad\qquad\quad \Big| \\
{}^{6}\qquad\qquad\qquad\qquad\qquad {}^{6} \\
\text{Man } \beta\ 1\text{——}4\text{GlcNAc } \beta\ 1\text{——}4\text{GlcNAc}\text{——}\text{Asn}^{41}
\end{array}$$

Man＝マンノース
GlcNAc＝*N*-アセチルグルコサミン
Fuc＝フコース

図10.3　カイコガPTTHの41残基目のアスパラギンに結合している糖鎖構造

ジスルフィド結合を含めたカイコPTTHの1次構造

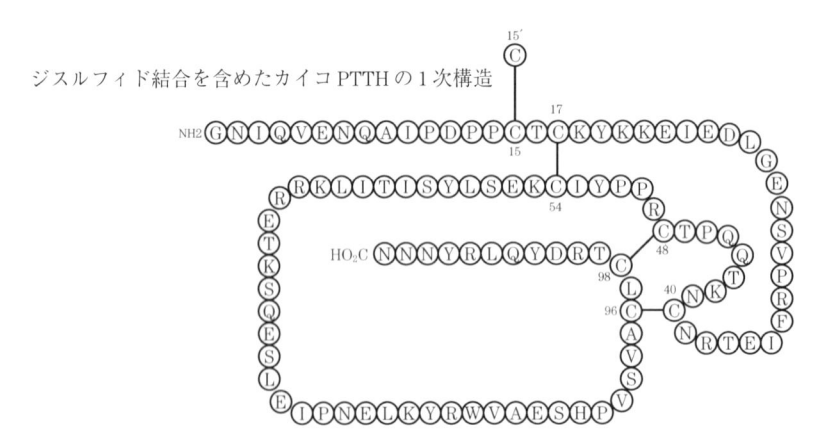

図10.4　カイコPTTHの1次構造（15残基目のシステインがもう1本のペプチド鎖とジスルフィド結合している）[3]

最終構造を決定した。PTTH は同一の 2 本のペプチド鎖がジスルフィド結合した二量体構造をとっている[2]。

PTTH は脳の神経分泌細胞で合成され，軸索を経由して幼若ホルモンの産生分泌器官であるアラタ体から血液中に分泌される。

10.1.3 動物起源の脱皮ホルモン（zooecdysone）

昆虫や甲殻類は，硬い外骨格に覆われているため，成長にあたっては，古い表皮を脱ぎ捨てる必要がある。この現象をコントロールしているのが，**脱皮ホルモン**（moulting hormone，**MH**）である[2), 3)]。

1954 年 Butenandt と Karlson は日本から輸入したカイコの蛹 500 kg から脱皮ホルモン 25 mg を結晶状に単離することに成功し，α-エクジソンと命名した。次いでその類縁体 β-エクジソンを単離した。Karlson らは化学反応や種々の機器分析の手段により，その平面構造を決定した。さらに同年，Hoppe と Huber のグループが X 線構造解析により，絶対立体構造を決定した（**図 10.5**）。この

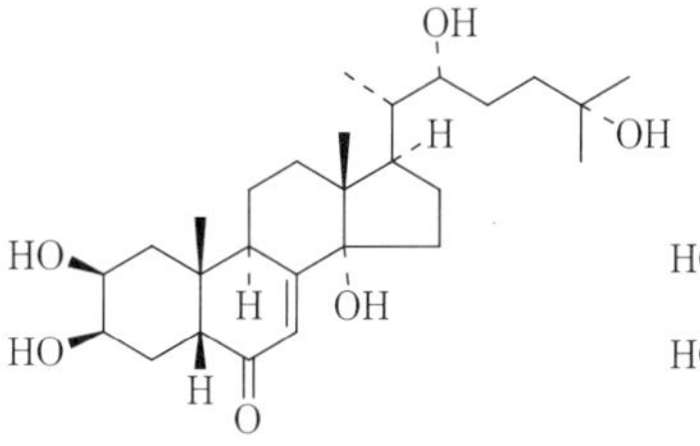

エクジソン 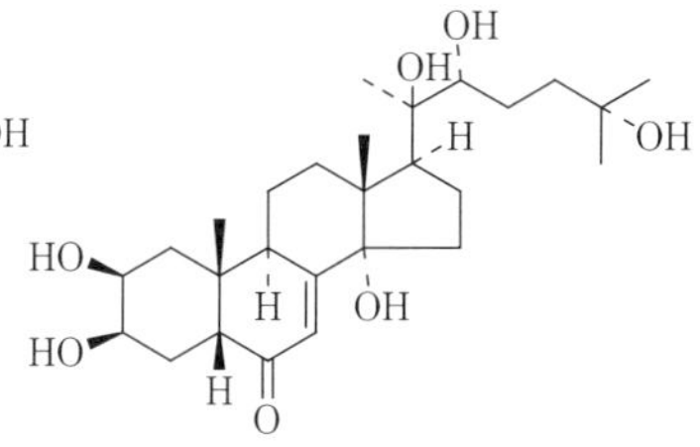　　　　　　　　20-ヒドロキシエクジソン

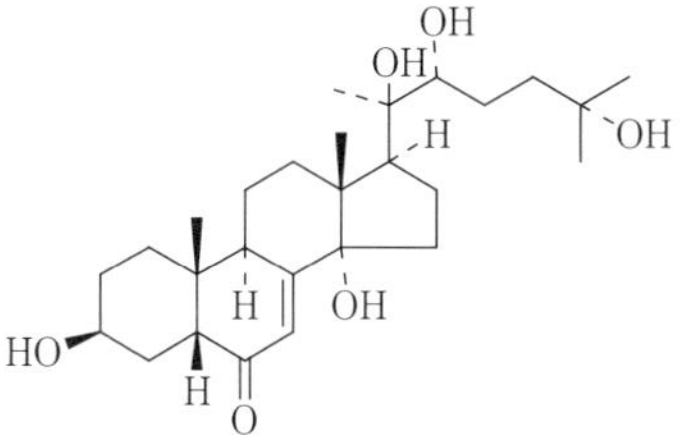

2-デオキシクラストエクジソン

図 10.5 動物エクジソンの構造

構造はスチグマステロールを出発物質とする化学合成によっても確認された。なお，現在は α-エクジソンと β-エクジソンは，それぞれ**エクジソン**（ecdysone，**エクダイソン**とも呼ばれる），**20-ヒドロキシエクジソン**（20-hydroxy ecdysone）と呼ばれている。

その後の研究により，すべての昆虫は 20-ヒドロキシエクジソンを脱皮ホルモンとして利用しており，エクジソンはその前駆体であることが判明した。昆虫と同様に脱皮する甲殻類からも新しい脱皮ホルモン，例えば海産エビからデオキシクラストエクジソンが単離された。図 10.5 に示すようにこれらエクジソンの構造は 2-位および側鎖の水酸基の数が異なるだけであり，エクジステロイドと総称される。なお，つぎに述べるように，植物からも構造類似のエクジソンが単離されたため，動物起源のエクジソンを**動物エクジソン**（zooecdysone）と呼ぶ。なお，エクジソンは前胸腺以外の組織である卵巣や腹部表面においても生合成されることが判明している。

昆虫はステロールを生合成する能力が欠如しているので，餌として摂取する植物中の β-シトステロールをコレステロールに変換後，これからエクジソン

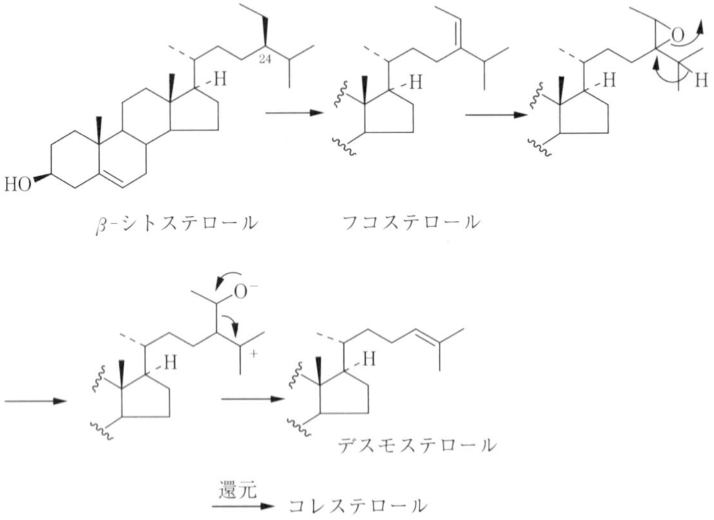

図 10.6　植物ステロールのコレステロールへの変換

を生合成している。β-シトステロールには24-位にエチル基が存在するため，その除去を行わなければならない。その機構は図10.6に示した。

10.1.4 植物起源の脱皮ホルモン（phytoecdysone）

昆虫や，エビ，カニなどから脱皮ホルモンが相次いで単離，構造決定されていたころ，植物から脱皮ホルモンが中西によって報告された。彼らは台湾産のトガリバマキの乾燥葉（抗腫瘍活性があると民間でいい伝えられていた）の成分研究を行い，**ポナステロン**（ponasterone）A，B，C，Dを単離した[2]（図10.7）。興味あることに，これらのうちポナステロンAは20-ヒドロキシエクジソンよりも強い活性を示す。トガリバマキ中のポナステロン含量はきわめて高く，その乾燥葉4.8 kgからポナステロンA（2 g），B（50 mg），C（500 mg），D（20 mg）が得られている。ちなみに1トンの蚕蛹からは250 mgのエクジソン類が得られていたに過ぎない。

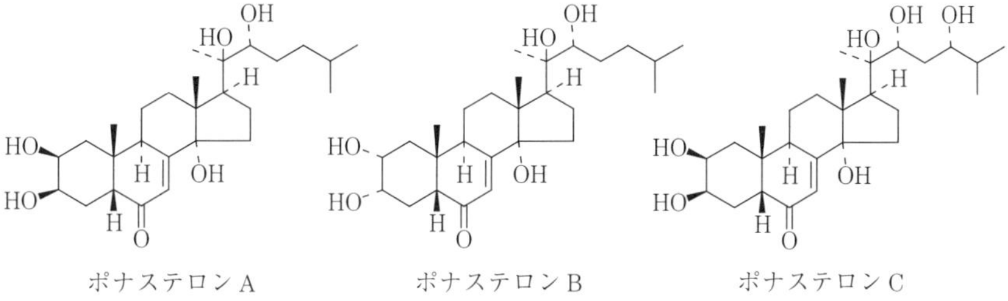

図10.7 植物エクジソン，ポナステロンA，B，Cの構造

この発見に刺激され，他の多くの研究者が関連物質の探索を行った結果，150種以上ものエクジソン類が単離されている。**植物エクジソン**（phytoecdyson）は，シダ植物と裸子植物に含まれていることが多い。

中西らは，キランソウからエクジソンの拮抗物質を見出し，**アジュガラクトン**（ajugalactone）と命名した（図10.8）。その後，英国のグループによりエクジソンのアンタゴニストの検索が精力的に行われ，ナス科植物から**2,3-ジヒドロ-ξ-ヒドロキシウィタクニスチン**が単離され，強い活性を示すことが判明した[3]。

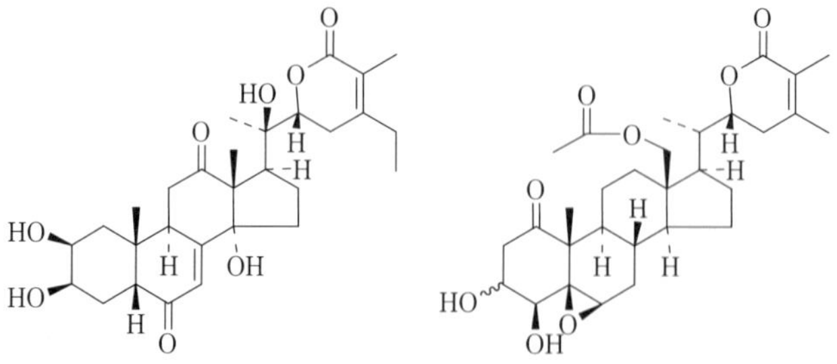

アジュガラクトン　　2,3-ジヒドロ-ξ-ヒドロキシ
　　　　　　　　　　ウィタクニスチン

図 10.8　エクジソンのアンタゴニスト

10.1.5　幼若ホルモン

幼若ホルモン（juvenile hormone，**JH**）は昆虫のアラタ体より分泌され，幼虫の形質を維持するように作用するホルモンである。幼若ホルモンの作用において，脱皮ホルモンであるエクジソンとの濃度比が重要で，アラタ体からの幼若ホルモンの分泌が低下し，エクジソンの濃度が上昇すると，蛹化，成虫化などの変態が起こる。また幼若ホルモンの存在下に，エクジソンが分泌されると幼虫の脱皮が起こる。

1934 年 Wigglewort は，オオサシガメについて実験を行い，その頭部を脱皮の臨界期直後に切り離すと，4 齢幼虫は 5 齢幼虫になることなく変態を起こして成虫になること，このときアラタ体を残しておくと正常な脱皮を起こすことを見出した。また，5 齢幼虫にアラタ体を移植すると変態を起こさずに過剰脱皮を起こして幼虫のままにとどまることを観察した。

1956 年 Williams は，セクロピアカイコの雄の成虫腹部に強い幼若ホルモン活性を認め，精製を試みたが成功しなかった。ただ活性物質の挙動から，揮発性の高い脂肪酸エステル類似物質であろうと推測した。

続いて Karlson と Schmialek はチャイロコメノゴミムシダマシの糞から，JH 活性を示す物質として，ファルネソールとファルネサールを単離したが（図 10.9），比活性が十分でなく，活性本体ではないと結論した。

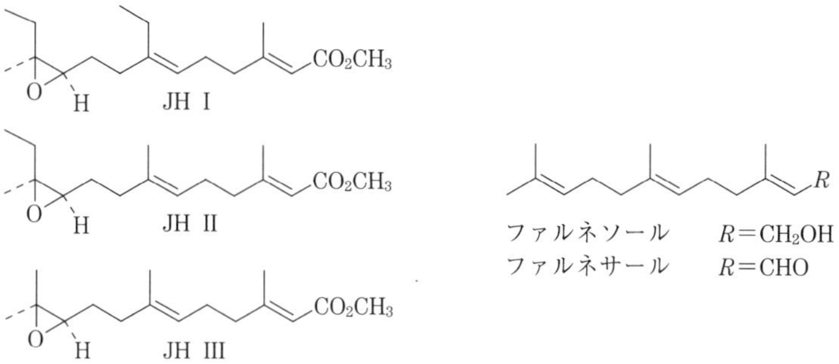

10.1 昆虫ホルモン

図 10.9 JH とファルネソールの構造

1967 年 Roller らはセクロピアカイコから初めて真のホルモン **JH I** の単離に成功した。これに続き，Meyer らがセクロピアカイコの腹部から **JH II** を，Siddall らがタバコ hornworm から **JH III** を単離した（図 10.9）。これらの化合物は，いずれもセスキテルペノイドであるファルネソールの誘導体で，アルコール末端がカルボン酸メチルエステルとなったファルネシル酸メチルとなり，反対側の末端二重結合がエポキシ環となった構造を有している。またメチル基がエチル基で置換されている（JH I の場合は 2 個，JH II の場合は 1 個）。これら JH の構造は合成によって確認され，また絶対構造も図示するように決定された。JH III は昆虫全般に存在し，鱗翅目には JH I と JH II が存在する[2]。

〔1〕 **JH の生合成**

JH III は典型的なテルペノイド構造を有し，ファルネソールの酸化反応により生成するファルネシル酸を経由して，メチルエステル化，エポキシ化により生合成される。しかし JH I や JH II は，メチル基の代わりにエチル基を有するという，他のテルペノイドにはほとんど見られないユニークな構造上の特徴を備えている。このエチル基は**図 10.10** に示すように，アセチル CoA の代わりにプロピオニル CoA が利用され，ホモメバロン酸，IPP や DMAPP のホモログを経るメバロン酸経路（5.3 節参照）により，JH に取り込まれる。

〔2〕 **JH の利用**

JH は幼虫の成虫化を阻害するため，殺虫剤としての利用が考えられる。

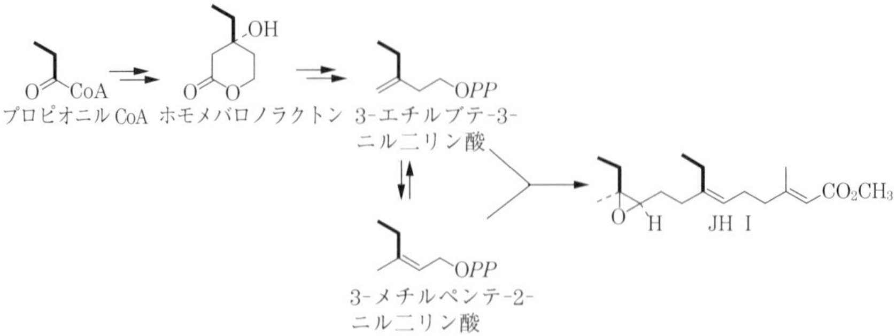

図 10.10 JH I の生合成経路

　JH は分解性が大きく，無残留性であり，昆虫以外の生物には毒性を示さず，施用量もごく微量で済むという合成殺虫剤にはない利点がある。また昆虫自身が生合成する物質であるため，昆虫が抵抗性を獲得することもないし，既知殺虫剤とは異なる作用機作で殺虫効果を発揮する可能性も期待できる。

　ユニークな応用例として，カイコへの応用例が挙げられる。カイコ 5 齢幼虫の前半期に JH 誘導体を投与すると，摂食期間が 9 日間となり，正常よりも 1〜2 日間多くなる。その結果巨大マユができ，繭重，蛹体重，繭層重共に 20〜30％増加する。中国で実用化されている。

10.2 昆虫フェロモン

　昆虫フェロモン（pheromone，ギリシャ語の pherin＝移動させる，hormōn＝興奮させる，の合成語）とは，「動物個体から体外へ排出され，同種の他の個体に特異的な反応，一定の行動とか生理反応，を引き起こす生理活性物質」と定義される。したがって言葉は似ているが，昆虫の内分泌器官腺で生合成され，それが体内の組織に対してきわめて微量で重要な生理作用を示す昆虫ホルモンとは明りょうに区別される[2), 3)]。

　昆虫フェロモンはその作用効果によって二つに大別され，一定の行動を惹起するフェロモンとして，性フェロモン，集合フェロモン，警報フェロモン，道しるべフェロモンなどが，また生理反応を引き起こすフェロモンとして，階級

分化フェロモン（ミツバチ，シロアリ），生殖能力の制御フェロモンなどが挙げられる。前者は嗅覚，後者は味覚器を通して作用する。フェロモンとして報告されている化合物は非常に数が多いので，本章では代表的な化合物についてのみ説明する。

10.2.1 性フェロモン

化学物質が，雌雄の認識，誘引，性的興奮，交尾などの配偶行動を制御している場合に，性フェロモンと呼ぶ。多くの場合メスから分泌されるが，オスが分泌したり，両者がたがいに分泌することもある。活性はきわめて強いものが多く，低濃度で異性を強く誘引する。異性をフェロモンという化学物質の臭いによって誘引するという性質上，低分子で低沸点の化合物が大部分である。フェロモンは有機化学的には炭化水素，エポキシド，アルコール，エステル，アルデヒド，ケトンなどのグループに属するものに分類されるが，構造は簡単で，たがいに類似している場合が多い[3]。

世界中には100万種を超える昆虫がいるといわれている。これら昆虫が同種の異性のみを特異的に識別して生殖行動を起こすためには，構造上の変化に乏しいこれら低分子化合物だけでは不十分であり，以下のようなさまざまな工夫により性フェロモンの多様性が生じる。

(1) 他の共力化合物（例えば木材成分由来のモノテルペノイドなど）との組合せを利用する。
(2) 複数の性フェロモンを使い，その混合比の違いを利用する。
(3) 光学異性の違いを利用する。
(4) エステル誘導体の場合，アルコール部分は同一であるが，異なるアシル基を利用する。

性フェロモンは極低濃度で作用するため，構造研究のための試料の収集には，多量の昆虫の飼育（通常最低数万匹）が必要であり，かなりの困難を伴う場合が多い。また微量物質を取り扱うため，有効成分の単離には，高度の単離技術が要求される。質量分析やNMRなどの機器分析が高度に進歩した現在

においては，極微量の試料を用いての構造決定が可能となっている。しかし，フェロモン分子中の不斉炭素の絶対立体配置を決定するためには，天然化合物の研究に通常用いられる手段—単離した天然物試料について旋光度を測定してその絶対構造を決定する—の採用は，試料があまりにも微量過ぎるためほとんどの場合不可能である。

この問題は，"理論上可能なすべての光学異性体を調製し，その生物活性を検討して活性本体を決定する"という戦略によってのみ解決可能である。性フェロモンは，一般には一つの光学活性体のみが活性を示すが，ツエツエバエのフェロモンの場合，メソ体のみが活性を示し，マイマイガの性フェロモンであるディスパーリュアの場合，その鏡像異性体が活性を阻害するなどの現象が知られている。また，ある種のガの性フェロモンの鏡像異性体が，別種のガの性フェロモンとなることも知られている。これらの結果は，すべて高純度の光学異性体試料が調製されて初めて得られたものであり，フェロモン研究における合成化学の果たした役割はきわめて大きい[3]。

性フェロモンとして多数の化合物が発見されているが，以下に代表的な例のみを記す。

〔1〕 **カイコの雌性フェロモン**

カイコの成虫（カイコガ）は脱皮後すぐに交尾し，メスは産卵後死亡する。メスの腹部末端には，1対の腺組織があり，これから性フェロモンを分泌する。ドイツの Butenandt は 1939 年にこのフェロモンの研究を開始し，50万匹のカイコガのメスの腹部からオスのカイコガを興奮させる活性物質 12 mg を結晶性誘導体として単離し，**ボンビコール**（bombykol）と命名，1961 年にその構造を決定した（図 10.11）。本化合物は炭素数 16 の不飽和アルコールであり，純品の合成品は 10^{-12} μg/ml の極低濃度でカイコガのオスを興奮させた。

〔2〕 **マイマイガの雌性フェロモン**

1960 年 Jacobson らは，メスのマイマイガ 50 万匹から 20 mg の活性物質を単離し，ジプトールと命名，構造を決定したが，合成品に活性が認められなかった。後になり Beroza らは，この問題を解決するため，メス 78 000 匹から

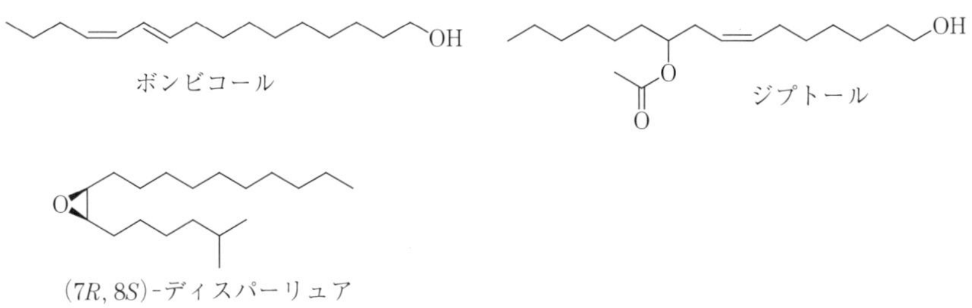

10.2 昆虫フェロモン

ボンビコール

ジプトール

(7R, 8S)-ディスパーリュア

図10.11　昆虫フェロモン―その1

活性物質の精製を行い，図10.11に示す**ディスパーリュア**（disparlure）が活性の本体であることを証明した。この結論は化学合成によって確認された。

〔3〕　**ワモンゴキブリの雌性フェロモン**

オランダのPersoonsは約10万匹のワモンゴキブリのメスの糞と消化管から200 μgのフェロモンを取り出し，**ペリプラノンB**（periplanone B）と命名し，構造を決定した（**図10.12**）。その絶対立体構造は合成によって決定された。

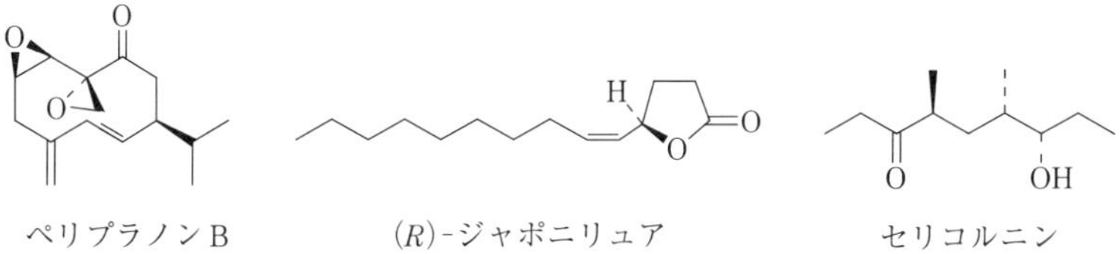

ペリプラノンB

(R)-ジャポニリュア

セリコルニン

図10.12　昆虫フェロモン―その2

〔4〕　**マメコガネの雌性フェロモン**

マメコガネは日本産の昆虫であるが，わが国では大した害を及ぼす害虫ではない。しかし，アメリカに渡って繁殖し，芝生を荒らす害虫として嫌われている。そのフェロモン，**ジャポニリュア**（japonilure）の構造は，アメリカのTumlinsonらによって決定された（図10.12）。D-グルタミン酸を出発物質とする合成品には，強い活性が認められたが，L-型からの合成品は，フェロモン活性を強く阻害した。ラセミ体については活性が認められなかった。

〔5〕 タバコシバンムシの雌性フェロモン

タバコシバンムシは乾燥したタバコの葉を食い荒らす昆虫であり，タバコ工場では大害虫となっている。メスの放出するフェロモンが単離，構造決定され，**セルコリニン**（serricornin）と命名された（図10.12）。合成により絶対構造が決定され，その鏡像体は活性を有しないことが判明した。天然型のセリコルニンの合成品は，害虫防除に実際に使用されている。

〔6〕 多成分からなる性フェロモン

フェロモンの中には，複数の混合物の場合にのみ活性を示すものがある。

チャノコカクモンハマキの場合，メスの性フェロモンは**図10.13**に示す簡単な構造を有する4成分の混合物が効果を示す。

リンゴカクモンハマキのフェロモンは，二重結合の位置が異なる不飽和直（長）鎖アルコールの酢酸エステル混合物（90：10）からなる（**図10.14**）。

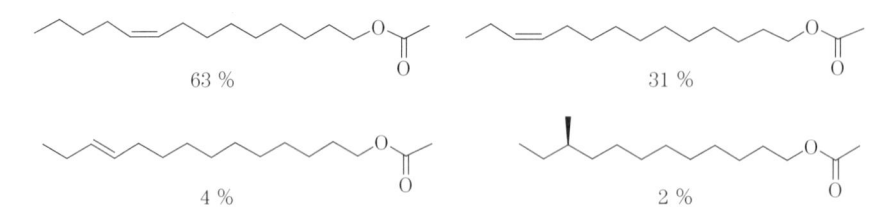

図10.13 チャノコカクモンハマキの雌性フェロモン（4成分からなる）

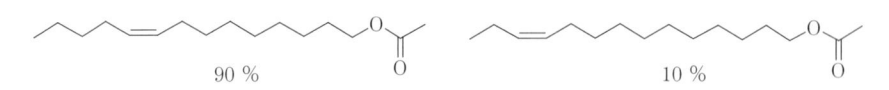

図10.14 リンゴカクモンハマキの雌性フェロモン

また，アメリカシロヒトリの性フェロモンは**図10.15**に示す5種類の化合物の混合物である。

〔7〕 性フェロモンの利用

低濃度で異性を強く誘引するという性フェロモンの長所を利用すれば，害虫を1箇所に呼び集めて駆除することが可能である。フェロモンは超微量で昆虫のみに作用するので，人畜無害であり，易分解性であるため残留などの問題で

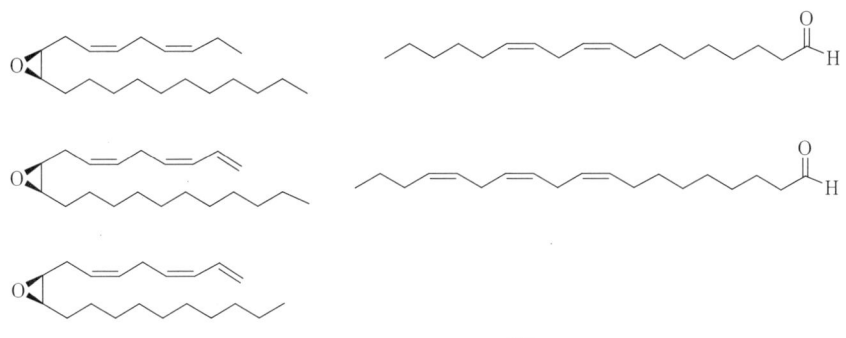

図 10.15 アメリカシロヒトリの雌性フェロモン

環境汚染を引き起こす恐れがない．その利用法として，つぎの3通りの方法がある．

(1) **モニタリング**

害虫の発生度合いを知るための方法である．フェロモンを入れた誘因源に寄ってきた虫が出られなくなるような容器（フェロモントラップ）を野外に設置し，捕まる虫の数を調べる．害虫の発生予測が可能となるため，その駆除に必要な手段を早期に講じることが可能となる．

(2) **大量誘殺法**

フェロモントラップを多数使用して，害虫を捕集して殺す方法である．マメコガネの性フェロモンであるジャポニュリアに対しては，この方式が応用されている．

(3) **交信攪乱法**

大量のフェロモンを害虫が住んでいるところに放出させ，害虫雌雄間の交信を攪乱し，交尾を阻害する方法である．生殖の機会が大幅に減少するため，害虫の駆除に有効な方法である．この方法はフェロモン応用の本命と考えられている．

10.2.2 集合フェロモン

昆虫には，集団生活を営む社会性昆虫がいる．この集団をつくるため個体が

分泌し，同種の他の個体を集合させる作用のある物質を**集合フェロモン**（aggregation pheromone）と呼ぶ。ただし異性のみを誘引する性フェロモンはこの範疇には入れない。メスあるいはオスの一方のみが生産して，オス，メスの両方を誘引する場合もこの集合フェロモンに含まれる。餌の場所を知らせると共に，配偶のチャンスを増加させる効果がある。

〔1〕 **キクイムシの集合フェロモン**

キクイムシは，体長数 mm の昆虫であり，樹木に飛来して，幹に穴を開け，侵入食害する。穴のまわりにたまった木屑と糞に分泌された集合フェロモンが，同種の個体を誘引する作用がある。キクイムシの一種（*Ips paraconfusus*）のオスは，図 10.16 に示すテルペノイドのアルコール誘導体 3 種（イプセノール，イプスディエノール，*cis*-ベルベノール）の化合物の混合物を分泌し，オス，メスの両者を誘引する。これらの化合物は単独ではまったく誘引性を示さない。

(*S*)-(−)-イプセノール　(*R*)-(+)-イプスジエノール　*cis*-ベルベノール

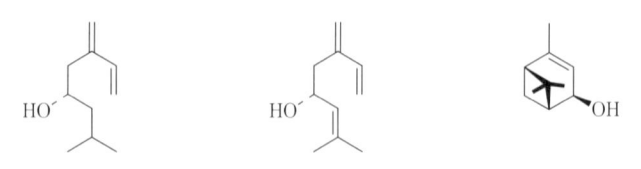

図 10.16　キクイムシ（*Ips paraconfusus*）の集合フェロモン

キクイムシの集合フェロモンについては，化学合成により詳細な関係が調べられた。*Gnathotrichus sulcatus* が利用するスルカトールの場合，*R* 体，*S* 体が 1：1 混合物の場合，最大の効果を示した（図 10.17）。合成した単独の光学異性体では活性が認められなかった。しかし別のキクイムシ（*Gnathotrichus retusus*）に対しては，(*S*)-体のみが活性を示した。近縁の種間での巧みな化合物の使い分けの好例である。

(*S*)-(+)-スルカトール　(*R*)-(−)-スルカトール

図 10.17　キクイムシ（*Gnathotrichus sulcatus*）の集合フェロモン

キクイムシの一種 *Dendroctonus pseudotsugae* のメスは3種の化合物を生産し (図10.18), これらが樹脂由来のモノテルペンと協力して作用を発揮し, 両性を誘引する。なおセウデノールは両鏡像体の混合物が利用されている。

(−)-フロンタリン　　*trans*-ベルベノール　　セウデノール

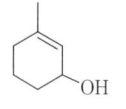

図10.18　キクイムシ (*Dendroctonus pseudotsugae*) のメスの性フェロモン

〔2〕 **コクヌストモドキ**

ゴミムシダマシ科のコクヌストモドキの場合, オスの成虫がトリボリュアでオス・メスの両方を誘引する。$(4R,8R)$ 体が主成分で, $(4R,8S)$ 体は協力成分として作用する (図10.19)。

$(4R,8R)$-(−)-トリボリュア　　$(4R,8S)$-(−)-トリボリュア

図10.19　コクヌストモドキの集合フェロモン

10.2.3　警報フェロモン

社会性昆虫の巣に侵入者があったとき, 仲間に危険を知らせ, 逃避行動を引き起こすフェロモンが**警報フェロモン** (alarm pheromone) である[2]。非常に多くの化合物がハチ類, アリ類, アブラムシ類, カメムシ類などについて知られており, 構造的にはほとんどがケトン, アルデヒド, アルコール, エステルなど揮発性の高い物質群に属する。警報フェロモンは短時間だけ作用して, その後は迅速に消失する必要がある。これは古い情報に基づいて仲間が間違った行動を起こすことを防ぐためと考えられる。

〔1〕 **ハチ類**

ハチの刺針の付属腺には C_4–C_8 のアルコール (1-ブタノール, イソペンタノール, 1-ペンタノール, 1-ヘキサノール, 2-ヘプタノール, 1-オクタノール)

や図 10.20 に構造を示す酢酸エステル類が含まれており，大顎腺中の 2-ヘプタノンと共にフェロモン活性を示す．1 匹のハチに刺されると他のハチが群となって襲撃するのは，刺された針の付属腺から揮発する酢酸イソペンテニルが原因である．

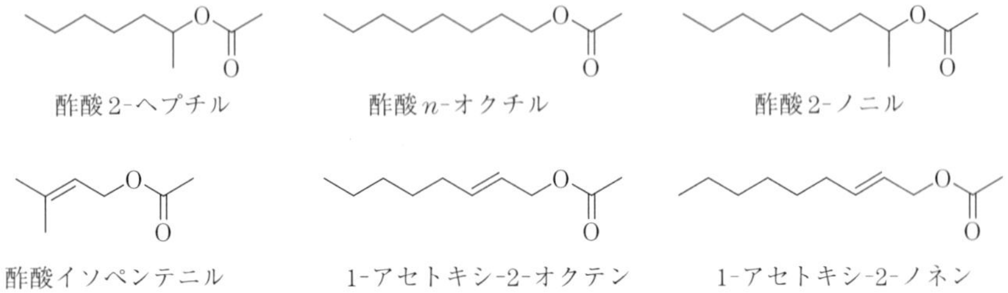

酢酸 2-ヘプチル　　　　酢酸 n-オクチル　　　　酢酸 2-ノニル

酢酸イソペンテニル　　1-アセトキシ-2-オクテン　　1-アセトキシ-2-ノネン

図 10.20　ハチの付属腺に含まれる警報フェロモン

〔2〕ア　リ　類

アリの警報フェロモンは，大腮腺，肛門腺，デュホー氏腺などから分泌され，主として攻撃的な行動を起こさせる．4-メチル-3-ヘプタノンや図 10.21 に示すシトロネラール，ネラール，ゲラニアール，アルデヒドやアルコールは種々のアリの大腮腺から分泌される．

代表例として，ツヤクシケアリ属のアリの大顎腺から分泌される警報フェロ

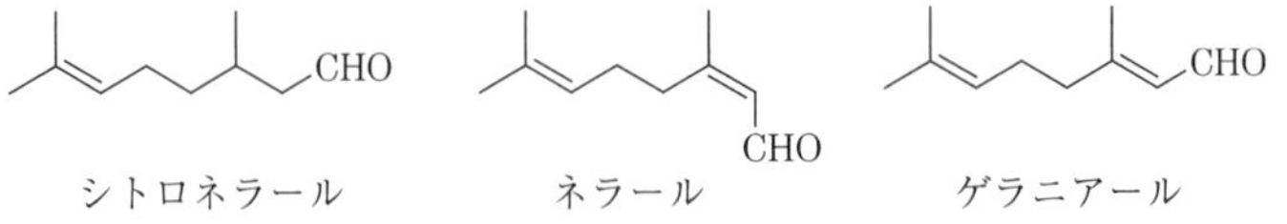

シトロネラール　　　　ネラール　　　　ゲラニアール

図 10.21　アリの警報フェロモン

4-メチル-3-ヘキサノン　　4-メチル-3-ヘプタノン　　マニコン

3-オクタノン　　　　　3-デカノン

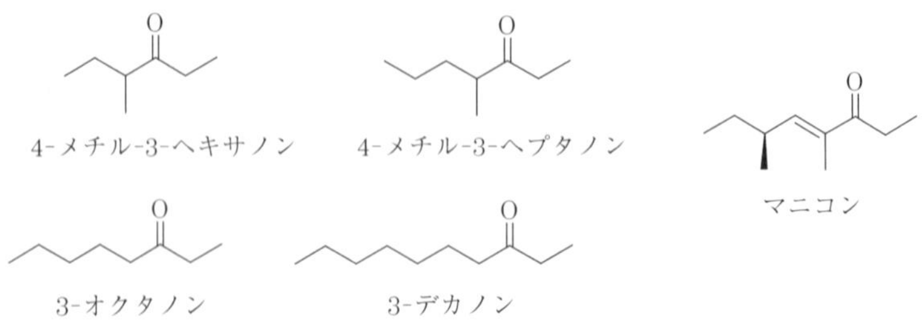

図 10.22　ツヤクシケアリ属アリの警報フェロモン

モンを図 10.22 に示す。これらはいずれもケトン化合物のうち，マニコンが最も強い活性を示す。

アリの警報フェロモンは属ごとに異なり，同属種間では成分比が異なる傾向がある。

10.2.4 道しるべフェロモン

アリ，ハチなどの社会性昆虫は，巣の外に出て餌を探すが，巣に戻るための道しるべとして，また同種の個体がその餌の場所にたどり着けるようにするため，化学物質を分泌する。これが**道しるべフェロモン**（trail-marking pheromone）である[1),2)]。このフェロモンは情報の新鮮さを保つために短時間で消失する必要があり，揮発しやすい，あるいは酸化されやすいなどの性質を有する。

〔1〕 テキサスハキリアリ

この昆虫は巣の中でキノコを栽培して餌にしているため，大量の草を集めて巣にもち帰る必要がある。Tumlison らは，1971 年に働きアリ 3.7 kg から活性物質 150 μg を単離し，その構造を **4-メチルピロール-2-カルボン酸メチル**と決定した（**図 10.23**）。この活性はきわめて強く，0.08 pg/cm で有効である。

4-メチルピロール-2-カルボン酸メチル

(E,E,E)-ネオセンブレン

ファラナール

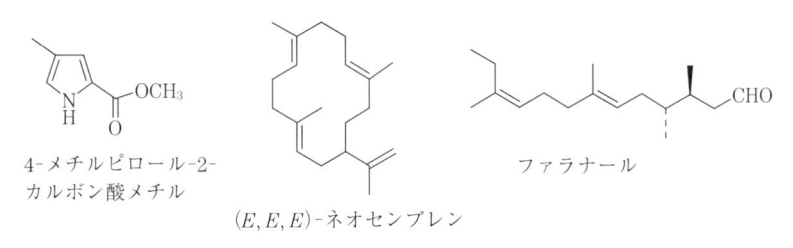

図 10.23 アリの道しるべフェロモン

〔2〕 シロアリ

オーストラリア産のシロアリ *Nasutitermes exitiosus* のフェロモンは (E,E,E) ネオセンブレンであり，10^{-8}〜10^{-5} g/ml で活性を示すが，それ以上濃くても薄くても活性を示さない（図 10.23）。この分子には不斉炭素が一つだけ

存在するが，(R)-体，(S)-体，ラセミ体のいずれもが活性を示すという。

〔3〕 **ファラオアリ（イエヒメアリ）**

ヨーロッパで病院に住み着いていて，仲間の出す道しるべフェロモンに従って歩いていくため，病原菌を運び回る可能性がある。オランダの Ritter は，働きアリ10万匹からこのフェロモン 70 μg 取り出し，**ファラナール**（faranal）と命名した（図 10.23）。図示した ($3S, 4R$)-体のみが活性を示した。この化合物の構造は幼若ホルモン JH II と類似している。

引用・参考文献

1) 大西英爾，園部治之，高橋 進 編：昆虫の生化学・分子生物学，名古屋大学出版会，pp.13-26 (1995)
2) 高橋信孝，丸茂晋吾，大岳 望：生理活性天然物化学 第2版，東京大学出版会，pp.135-216 (1981)
3) 鈴木昭憲，荒井綜一 編：農芸化学の事典，pp.166-193，朝倉書店 (2003)

11 生物活性を有する微生物代謝産物

　微生物は多種多様な化合物を生産し，われわれ人類はその恩恵に大きくあずかっている。これらの化合物は構造的に多様性に富み，またその生物活性も広範囲にわたっているが，本章では医薬や農薬などとして実用化されている微生物代謝産物に重点をおいて説明する。なおこれら化合物については成書[1]〜[4]で詳しく紹介されている。

11.1 抗生物質

　抗生物質とは"微生物によって生産され，微生物の発育を阻害する物質"とストレプトマイシンの発見者であるWaksmanによって定義されているが，その後研究の対象が拡大された結果，現在では微生物の発育を阻害する物質（抗菌物質）以外のより広い生物活性を示す物質もその範囲に含まれるようになり，その定義があいまいになっている。

　抗生物質は，どのような生物に活性を示すかにしたがって，抗菌抗生物質，抗カビ抗生物質などに分類されるが，これらに加えて，抗がん物質，酵素阻害作用を示す物質なども含まれるようになっている。

　また，用途別によって，医薬用抗生物質，動物用抗生物質，農業用抗生物質（植物の病害虫の防除や除草を目的）などに分類される。現在までに報告されている抗生物質の数は約7000から8000といわれている。

　医薬品以外の用途として，抗生物質は生化学的な試薬として重要な位置を占めている。例えば，チオストレプトン（1.1.2項参照），カナマイシンなどは

遺伝子工学において導入したプラスミドを保持した形質転換株の選択マーカーとして広範に使用されており，遺伝子工学研究者にとって必須の重要なツールとなっている．また新しい抗生物質の作用機構の研究により，それまで不明であった生体内のメカニズムが解明されたケースも数多く，この面での抗生物質の貢献も大きいといえる．

11.1.1 抗生物質の発見

商業的に利用されている大部分の抗生物質は，1940年代から1970年代にかけて見出されたものであり，現在は新しい有用な抗生物質の発見はきわめて困難な状況になっている．近年の細胞生物学の進歩により新たに見出された分子標的を対象とするスクリーニング方法の採用などによって，新しい抗生物質が見出されてはいるものの，実用化されている新規抗菌物質はきわめて少なく，抗生物質に関する研究を中止したり，研究規模を縮小したりしている製薬企業も少なくない．

抗生物質の大部分はカビまたは細菌によって生産される．これらの微生物は，主として土壌試料から分離されているが，近年はそれ以外の試料，例えば植物や海洋生物試料などからの単離も行われている．細菌由来の抗生物質の大部分は，*Streptomyces* またはそれ以外の放線菌（希少放線菌と呼ばれる）によって生産される．

11.1.2 抗生物質の選択活性

抗生物質には，ヒトには作用することなく，病原菌にのみ活性を示すという性質を備えていることが望ましい．そのような物質は毒性が少なく，安全性が高いと考えられるからである．実用化されている抗生物質は，細菌やカビなどの微生物にのみ存在し，動物細胞には存在しない組織や代謝経路を作用対象とするというこのような好ましい性質を具備している．

典型的な例として，微生物にのみ存在する細胞壁が挙げられる．細胞壁は細菌ではペプチドグリカン，カビではキチンからなっており，いずれもヒトなど

の高等生物には存在しない。したがって，この細胞壁の生合成を阻害する物質は，微生物のみに優れた選択毒性を示す。

　細菌の場合，グラム陽性菌と陰性菌では細胞壁構成に相違があり，前者ではペプチドグリカンのみからなるが，後者はさらにその外側にリポ多糖とタンパク質からなる外膜を有している（**図11.1**）。そのため，グラム陰性菌はグラム陽性菌に比較して，薬剤の菌体内への透過性が悪く，抗生物質が効果を示さない例が多い[1]。したがって，通常抗生物質はグラム陽性菌のみに作用するものと，グラム陽性菌とグラム陰性菌の両方に作用するものとに分類される。

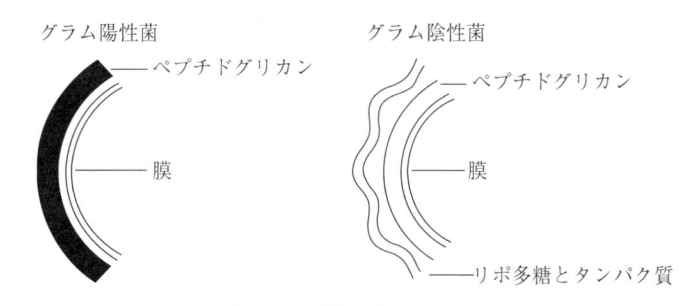

図11.1　グラム陽性菌とグラム陰性菌の細胞壁[1]

　グラム陰性細菌の細胞膜には，外界との物質の交換のため，主として水で満たされたポーリンチャンネルと呼ばれる通路が存在する。分子量の小さい抗生物質（分子量約1 000以下）は，このチャンネルを通ることによって細胞内に効率よく取り込まれるが，分子量の大きい抗生物質の場合，取込みはきわめて悪い。また外膜には脂質二重層が存在するため，脂溶性化合物の透過性は特別に低くなっている。そのため分子量の大きい脂溶性の高い抗生物質は，一般にグラム陽性菌のみに強い活性を示す傾向がある[1]。その例を**表11.1**に示す。

　脂溶性の高いペニシリンGやエリスロマイシンAはグラム陽性菌である枯草菌（*Bacillus subtilis*）や黄色ブドウ球菌（*Staphylococcus aureus*）に対して強い活性を示すが，グラム陰性菌である大腸菌（*Escherichia coli*）に対しては弱い活性しか示さない。一方水溶性の高いストレプトマイシン，クロラムフェニコールや比較的水溶性を示すテトラサイクリンはグラム陽性菌およびグラ

表 11.1 代表的な抗生物質とその抗菌活性（最低阻止濃度，MIC，μg/ml）

抗生物質名	分子量	脂溶性	*Bacillus subtilis*	*Staphylococcus aureus*	*Escherichia coli*
ペニシリンG	334	高い	1.0	1.0	40
ストレプトマイシン	581	低い	0.39	3.12	1.56
エリスロマイシンA	733	高い	0.01	0.4	100
テトラサイクリン	444	やや低い	0.1	0.4	2.0
クロラムフェニコール	323	低い	3.0	12.5	6.0
フォスミドマイシン	183	低い	3.0	400＞	6.25

〔注〕これらのデータは同一条件下で決定したものではないので，異なる抗生物質間でのMICの比較には注意を要する。

ム陰性菌の両方に活性を示す。特に分子量の小さいクロラムフェニコールはグラム陰性菌に強い活性を示すことがわかる。フォスミドマイシンも低分子化合物で水溶性が高いため，枯草菌および大腸菌に活性を示すが，グラム陽性菌である黄色ブドウ球菌にはまったく効果を示さないという特徴的なパターンを示す。これは，その作用標的であるMEP経路が本菌に存在しないためである（5.6節 参照）。これらの抗生物質については後述する。

11.1.3 抗生物質の分類

抗生物質は便宜的にその用途によって大きく分類され，さらに化学構造に基づいて細かく分類される。構造が類似している化合物は，物理化学的性質のみならず細菌やカビなどに対する活性も類似していると考えられるので，この分類法は化学的にも，生化学的にも合理的である。以下に代表的，かつ実用的に使用されている抗生物質について説明する。

11.1.4 医療用抗生物質

〔1〕 **β-ラクタム系化合物**

このグループに属する化合物は，特徴的な β-ラクタム環（4員環からなるアミド構造）を有していることから，**β-ラクタム**（β-lactam）と呼ばれ，最も重要な抗生物質である。β-ラクタム化合物は，ペニシリン系化合物とセフ

11.1 抗生物質

ァロスポリン系化合物に分類されるが，両者とも細菌の細胞壁合成を阻害する。前者は 6-アミノペニシラン酸（6-APA），後者は 7-アミノセファロスポラン酸（7-ACA）と呼ばれる主要骨格部分と側鎖（R）からなる（図 11.2）。天然からは種々の β-ラクタム化合物が得られているが，その違いは主として側鎖アシル基構造の相違によるものである。この側鎖の構造は生物活性に大きな影響を及ぼすため，側鎖置換基の異なる多数の誘導体が化学合成されている。

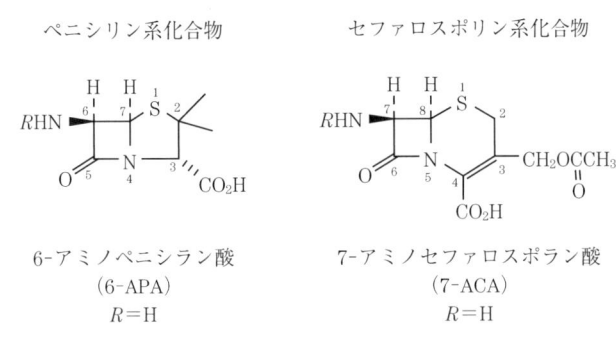

図 11.2　ペニシリンとセファロスポリンの構造

ペニシリン（penicillin）は青カビ *Penicillium notatum* から初めて単離された抗生物質である。後になり，*Penicillium chrysogenum* からも単離された[1), 2)]。生産性は後者のほうがよいため，ペニシリンの実用生産には後者が使われている。ペニシリンは広範囲に使用されている最も重要な抗生物質であるため，詳細に説明する。

ペニシリン発酵生産の初期において，側鎖構造の異なる数種の化合物が単離されたが，その中で図 11.3 に示すペニシリン G（ベンジルペニシリンとも呼ばれる）が最も優れた活性を示し，広く使用された。

図 11.3　ペニシリン G とその誘導体メチシリン

ペニシリンGはグラム陽性菌に強い効果を示すが，その高い脂溶性のためグラム陰性菌には弱い効果しか示さない。この弱点を改良したのが，側鎖置換基を化学的に変換することにより調製した半合成ペニシリン誘導体であるメチシリンである。**メチシリン**（methicillin）はペニシリンGよりも優れた活性を示したため，広範囲に使用されていたが，これに耐性を示す黄色ブドウ球菌（**メチシリン耐性黄色ブドウ球菌**，<u>m</u>ethicillin <u>r</u>esistant *<u>S</u>taphylococcus <u>a</u>ureus*，**MRSA**）が出現し，臨床上大きな問題となっている。

セファロスポリンC（cephalosporin C）は，*Cephalosporium acremonium* によって生産されるβ-ラクタム物質であるが，母核として7-アミノセファロスポラン酸を有している（**図11.4**）。セファロスポリンC自体は弱い活性しか示さないが，側鎖を置換した多数の優れた誘導体が化学的に調製され，広く使用されている。

β-ラクタム抗生物質は，その側鎖を種々変換することによって，その活性が改良された。その例として**図11.5**に第1世代のセファロスポリンから第4

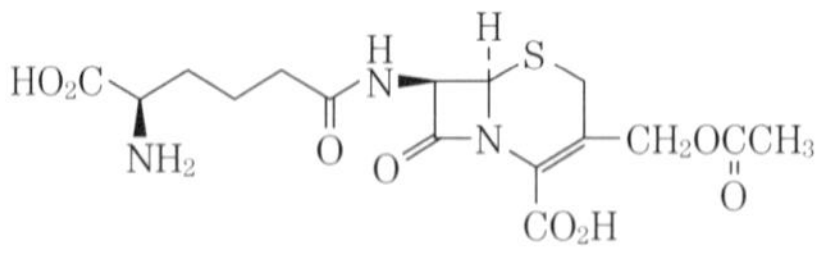

図11.4 セファロスポリンCの構造

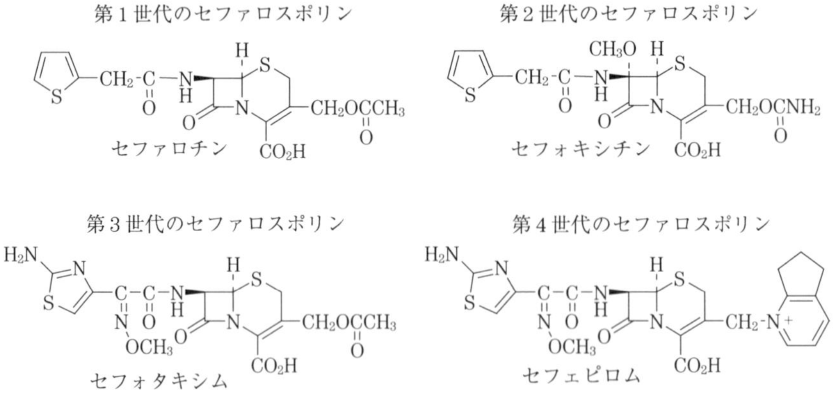

第1世代のセファロスポリン　　第2世代のセファロスポリン

セファロチン　　　　　　　　セフォキシチン

第3世代のセファロスポリン　　第4世代のセファロスポリン

セフォタキシム　　　　　　　セフェピロム

図11.5 改良を加えられたセファロスポリンの誘導体[1]

世代までのセファロスポリンの構造を示す。左側のアシル側鎖が次第に複雑な置換基に変換され,右側の置換基も修飾されていることがわかる。

β-ラクタム抗生物質は,細菌のβ-ラクタマーゼの作用によってβ-ラクタム環が開裂して不活性化される。この際の反応（β-ラクタム環の開裂）は,β-ラクタムの作用機構と化学的には同一であり,ペニシリン分子が水と付加するか,あるいは細胞壁合成酵素のOH基と結合するかの違いだけである（図11.6）。標的細胞壁合成酵素とペニシリンの結合体は安定なため,酵素はペニシリンと結合したままの状態となり,活性を失う。

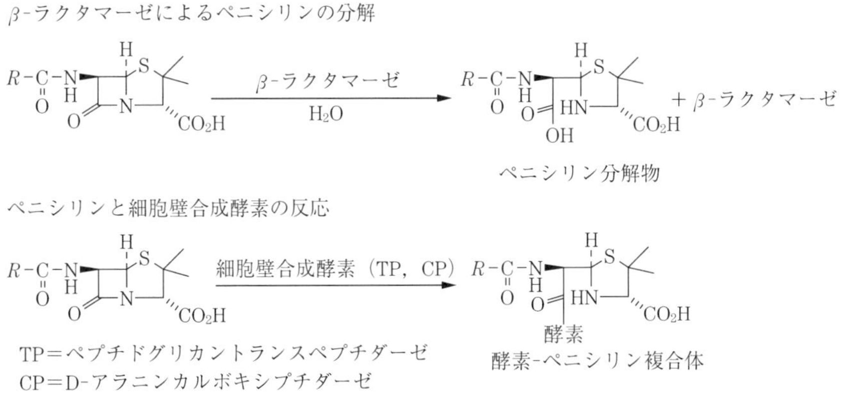

β-ラクタマーゼによるペニシリンの分解

ペニシリンと細胞壁合成酵素の反応

TP=ペプチドグリカントランスペプチダーゼ
CP=D-アラニンカルボキシペプチダーゼ

図11.6　ペニシリンと細胞壁合成酵素,ペニシリン分解酵素（β-ラクタマーゼ）との反応

〔2〕　β-ラクタム抗生物質の生合成

最初にバリン,システイン,α-アミノアジピン酸からなるトリペプチドが生成され,次いで最初の環化化合物であるイソペニシリンNとなる（図11.7）。この化合物の側鎖のα-アミノアジピン酸はL型である。*P. chrysogenum*の場合,側鎖の交換反応が起こり,ペニシリンGが生成する。*C. acremonium*の場合は,側鎖部分の立体化学が反転してD型のペニシリンNとなる。次いで環拡大が起こり7-ACP環を有するセファロスポリンCへと変換される。

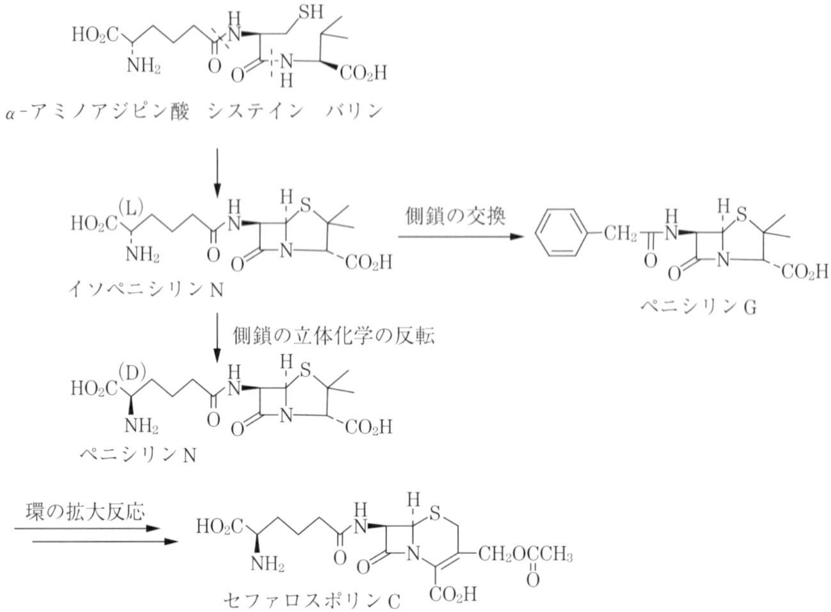

図 11.7　ペニシリンとセファロスポリンの生合成

〔3〕 アミノグリコシド（アミノサイクリトール）系化合物

　この群の化合物は，塩基性を示すアミノ基と水酸基を有しているため，水溶性塩基性抗生物質とも呼ばれる．いずれの化合物もアミノ基が置換したサイクリトール（炭素のみからなる 6 員環）を含んでいるのが構造上の特徴であり，**アミノサイクリトール**あるいは**アミノグリコシド**（aminoglycoside）と呼ばれる[1),2)]．

　代表的な臨床応用化合物として，ストレプトマイシン，カナマイシン，ゲンタマイシンなどが挙げられる（図 11.8）．また農業用抗生物質として，カスガマイシン（抗イネいもち病剤），バリダマイシン（抗イネ紋枯病剤）が使用されている．農業用抗生物質については後述する．

　ストレプトマイシン（streptomycin）は，非常に塩基性の強いグアニジン基 2 個を有するサイクリトールであるストレプチジン，ストレプトースおよび N-メチル-L-グルコサミンからなる化合物である．したがって塩基性が強く，

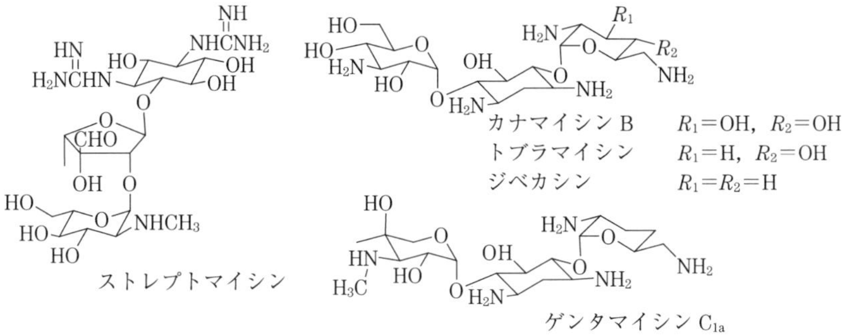
ストレプトマイシン
カナマイシン B　R_1=OH, R_2=OH
トブラマイシン　R_1=H, R_2=OH
ジベカシン　R_1=R_2=H
ゲンタマイシン C_{1a}

図 11.8　代表的なアミノグリコシド抗生物質

水溶性である。

結核に対して有効であり，一時は広範に使用されたが，聴覚障害を起こすため，現在その使用はきわめて限られている。アミノグリコシドはそのほとんどが放線菌によって生産される。図 11.8 に示すように，水酸基の位置やその存在の有無によって多数の化合物が存在する。

アミノグリコシドは原核生物のリボソームタンパク合成を阻害する。アミノグリコシドは親水性が強く，その大きさが小さいため，ポーリンチャンネルを通過できるためグラム陽性菌および陰性菌に対して広範囲，かつ強い活性を示す（表 11.1 参照）。

アミノグリコシド化合物は，そのアミノ基や水酸基のアシル化（アセチル化，リン酸化，アデニリル化など）によって不活化される。代表例としてカナマイシンの不活化される位置を**図 11.9** に示す。

細菌によってアシル化される位置の水酸基をなくせば耐性菌によって不活化を受けないはずであるというアイデアに基づき，水酸基を除去する化学的変換

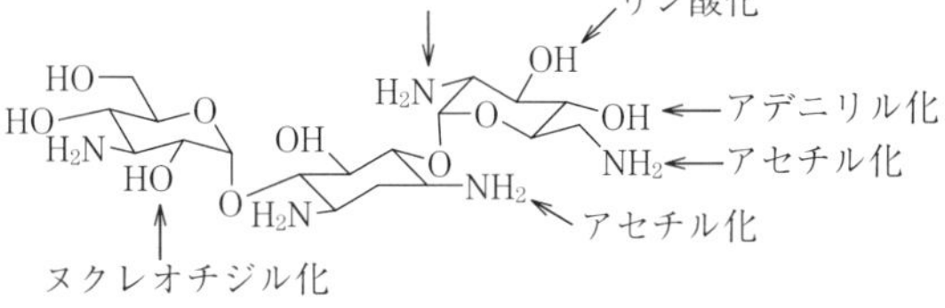
アセチル化
リン酸化
アデニリル化
アセチル化
アセチル化
ヌクレオチジル化

図 11.9　カナマイシンの不活化される位置[1)]

が行われた。これら誘導体（例えばジベカシン，図11.8）はアシル化反応を受けないためある種の耐性菌に有効である。

〔4〕 ポリケチド化合物

マクロライド類，アンサマイシン類，テトラサイクリン類，ポリエン類，アンスラサイクリン類（抗がん抗生物質）は，4章で説明したポリケチド化合物に属する。ポリケチド骨格が生成された後，構造上の修飾を受けたり，各種の糖が結合したりしているものが多い（図4.8参照）。

（a） **マクロライド系化合物**　多くのメチル側鎖と酸素官能基が結合した大環状ラクトン（主として14員環，16員環化合物）構造を有し，放線菌によって生産される。14員環を有する代表的な化合物はエリスロマイシン，16員環化合物としてはロイコマイシンが挙げられる（**図11.10**）。通常ラクトン環には塩基性の糖が結合し，さらに中性糖が結合しているものも多い。

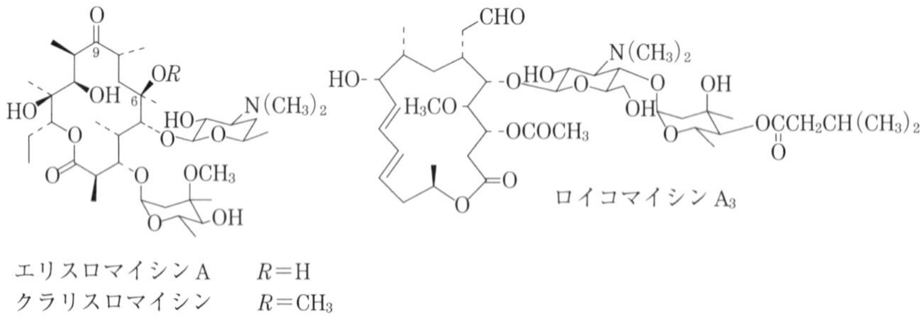

エリスロマイシンA　　$R=H$
クラリスロマイシン　　$R=CH_3$

図11.10　エリスロマイシンとロイコマイシンの構造

マクロライド（macrolide）は主にブドウ球菌，連鎖球菌，肺炎球菌などのグラム陽性菌を起因菌とする急性呼吸器感染症あるいは皮膚感染症に使用される。β-ラクタム剤が効きにくいマイコプラズマ，レジオネラ，クラミジアなどに対して強い抗菌活性を示す。

このグループの代表である**エリスロマイシン**（erythromycin）を経口投与すると，胃酸によって化学変化を受け失活する。これは6-位の水酸基と9-位ケトンが反応し，ヘミケタールを形成するためである。この不安定さの原因である6-位の水酸基を化学的にメチル化した化合物が**クラリスロマイシン**（clarithromycin）であり，安定性が著しく改善されている。体内動態，特に血中濃度の持続性が優れているため，広範囲に使用されている[5]）。

（b）　ポリエンマクロライド系化合物　　ポリエンマクロライド（polyene macrolide）は，前記マクロライドと同様に大環状ラクトン構造を有するが，複数の共役二重結合（ポリエン）を含み特徴的な紫外部吸収を示す。エリスロマイシンなどの狭義のマクロライド抗生物質とは異なり，細菌には作用しない。ポリエン抗生物質はカビ細胞膜中のステロールと複合体を形成し膜構造を乱すことによって抗カビ活性を示す。動物細胞も同様にステロール（コレステロール）を含有するため，ほとんどのポリエン抗生物質は動物に対して毒性を示し，そのため主として局所投与される。

この群の代表的な化合物である**ナイスタチン**（nystatin）（**図 11.11**）は *Streptomyces noursei* から 1955 年に単離された抗生物質であり，消化管カンジダ症の治療薬として米国で使用されている。類似構造を有する**アンフォテリシン B**（amphotericin B）は，消化管内カンジダ症に対して経口投与される。また注射薬としてアスペルギルス症を含む深在性真菌症の治療に利用されている。毒性が強く，使い難い薬剤ではあるが，他に有効な薬剤がないため使用が継続されている。その生産菌は *Streptomyces nodosus* である。

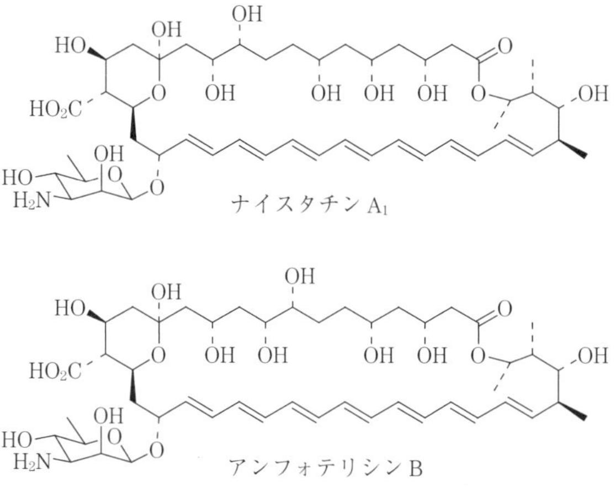

図 11.11　ナイスタチン A_1 とアンフォテリシン B の構造

(c) **アンサマイシン系化合物**　アンサマイシン（ansamycin）もまた大環状構造を有しているが，その環は芳香族発色団とアミド（ラクタム）結合を有している。芳香環の二つの非隣接部位の炭素と架橋した構造を有するのが本化合物群の特徴である。これは生合成の出発単位としてメタ C_7N 単位が利用されているためである（7.6節参照）。代表メンバーは**リファマイシン**（rifamycin）であり，放線菌 *Amycolatopsis mediterranei* から単離されている（図11.12）。なおこの菌は最初は *Streptomyces mediterranei*，次いで *Nocardia mediterranea* と呼ばれていた。リファマイシンの生合成は遺伝子を含め詳細に研究されている。

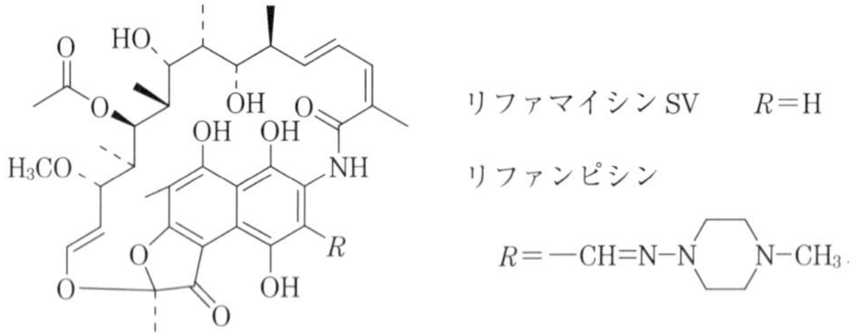

リファマイシン SV　　$R=H$
リファンピシン
$R=-CH=N-N\underset{}{\diagdown}N-CH_3$

図11.12　リファマイシンの構造

天然リファマイシンはグラム陽性細菌のみに強い活性を示す。リファマイシン SV から半合成されたリファンピシンは，グラム陰性菌に対してもある程度の活性を示す。リファンピシンは経口投与が可能であり，グラム陽性の病原菌である結核菌 *Mycobacterium tuberculosis* に対して広範に使用されている。

(d) **テトラサイクリン**　　数種の *Streptomyces* によって生産される**テトラサイクリン**（tetracycline）は，縮環した4環システムを有する黄色の化合物であり（図11.13），マロン酸アミドを出発物質とするポリケチドである。タンパク合成阻害剤であり，グラム陽性および陰性菌の両者に活性を示す。動物飼料への添加薬として広範に使用されていたが，家畜に感染したテトラサイクリン耐性 *Salmonella* 菌が人間の間でも広まり問題となったため，動物へのテトラサイクリンの投与は制限されている。

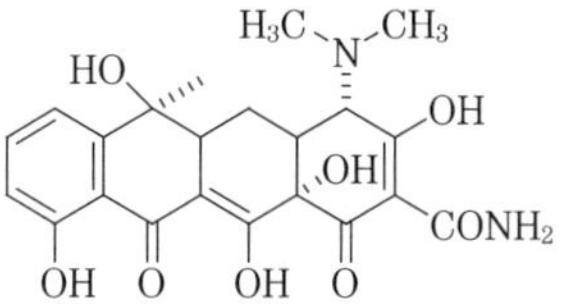

図 11.13 テトラサイクリンの構造

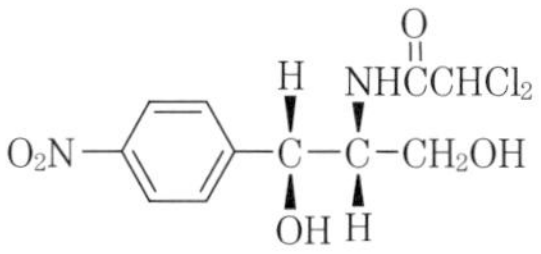

図 11.14 クロラムフェニコールの構造

〔5〕 **クロラムフェニコール**

クロラムフェニコール（chloramphenicol）は最初 *Streptomyces venezuelae* の培養濾液から単離された。その構造が簡単なため、現在は化学合成によって生産されている（図 11.14）。グラム陽性菌，グラム陰性菌，リケッチアなどの広範囲の微生物に有効である。他の抗生物質が効果を示しにくいグラム陰性菌に強い活性を示すのが特徴である。細菌のタンパク合成を阻害するが，ミトコンドリアのタンパク合成も阻害する。そのため副作用として再生不良性貧血を起こす場合がある。この副作用のため，今日ではほとんど使用されていない。

〔6〕 **グルタールイミド系化合物**

グルタールイミド（glutarimide）系に属する抗生物質は，いずれも *Streptomyces* によって生産される。酵母に対して強い阻害活性を示す。糸状菌にも発育阻止作用を有する。真核細胞のタンパク合成を選択的に阻害するため，動物細胞に対して強い毒性を示す。多くの構造類似化合物が報告されているが，この群の代表的な化合物である**シクロヘキシミド**（cycloheximide）（図 11.15）は，殺鼠剤（さっそざい）として用いられている。

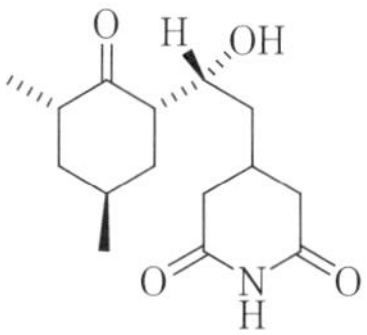

図 11.15 シクロヘキシミドの構造

〔7〕 **グリコペプチド系化合物**

多くの異常アミノ酸から構成されているペプチド物質であるが，芳香族アミ

ノ酸がジフェニルエーテル結合で結ばれている特徴的な構造を有する（**図11.16**）。細胞壁ペプチドグリカン合成を阻害し，グラム陽性菌の生育を阻止する。代表的な化合物である**バンコマイシン**（vancomycin）は，多くの抗生物質が効かなくなった多剤耐性菌MRSAに対して有効な，数少ない抗生物質の一つであり，臨床上重要な化合物となっている。*Streptomyces orientalis*によって生産される。

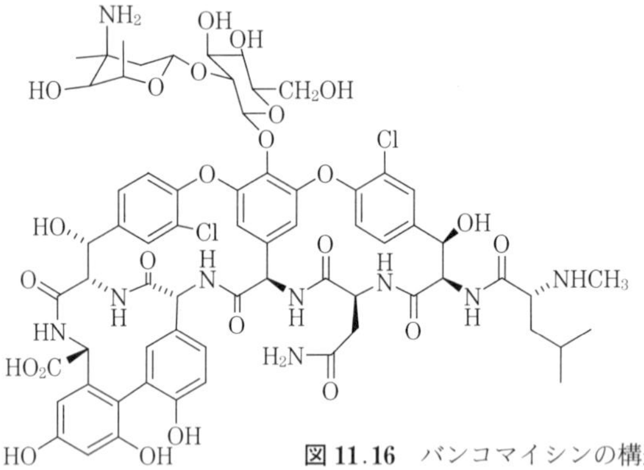

図11.16　バンコマイシンの構造

〔8〕その他（ミカフンジン）

ミカフンジン（micafungin）は，真菌細胞壁合成の阻害剤のスクリーニングによって*Coleophoma empetri*の培養液から単離されたリポペプチド系抗生物質である。本化合物は，*Candida*属，*Aspergillus*属に対して優れた活性を示す。宿主の免疫能が低下したときに発生する，内臓や中枢神経系を病巣とする深在性真菌症に有効である。副作用の点で問題があった従来の深在性抗真菌薬（上述したアンフォテリシンBなど）と比較して，安全性が高いという優れた性質を有する。

培養液から単離されたWF11899A（**図11.17**）は溶血性を示した。この問題は長鎖飽和脂肪酸側鎖に起因すると考えられたため，側鎖の交換が行われた。まず脱アシル化酵素によってアミド結合を切断し，FR179642に変換後，化学反応によって新しい側鎖を結合させた。側鎖の最適化が検討され，最終的にミカフンジンが調製され2002年に上市された。本化合物は硫酸エステル基

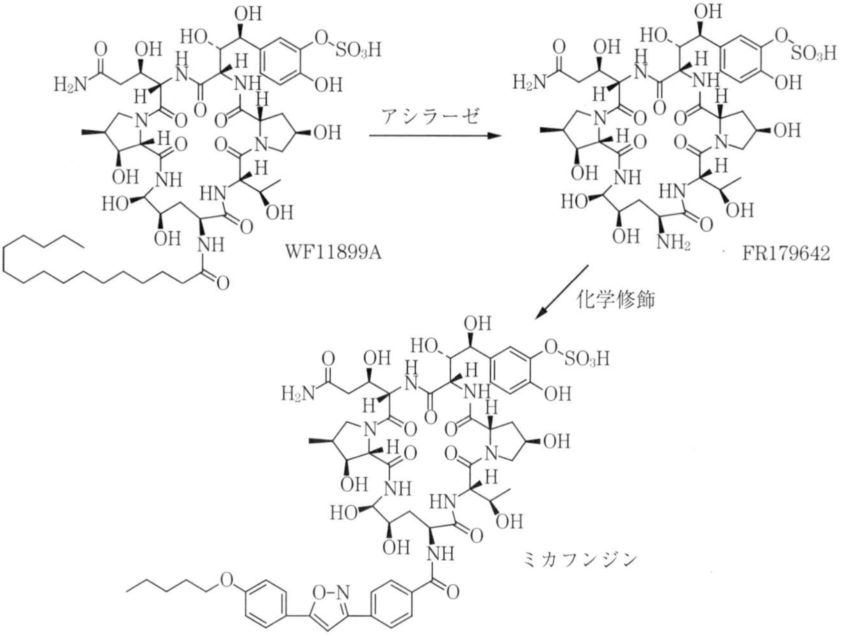

図 11.17　WF11899A からのミカフンジンの調製

を有するため，水溶性が高く，注射剤として使用されている[6]。

11.2　抗がん抗生物質

　微生物は動物細胞とは細胞組織や代謝経路などが大きく異なるため，その差を利用して，微生物にのみ選択的に作用を示す物質のスクリーニングが可能である。しかしがん細胞は正常細胞から発生した細胞であるため，がん細胞のみに特異的に阻止作用を示す物質の発見は非常に困難である。

　抗がん剤のスクリーニングは，初期には細胞毒性を示す物質を標的にして行われていたため，古典的な抗がん剤は DNA 合成や RNA 合成などに作用するものが多い。そのため正常細胞にも毒性を示し，副作用（脱毛，体重の減少，吐き気，白血球減少など）が強く出るという大きな問題点があった。最近の細胞生物学の進歩に伴い，高い選択性を求めがん細胞に特有の機能（あるいはがん細胞において特に亢進している機能）を標的とした研究が行われているが，

実用化されている化合物は，過去に単離された毒性の強いものが多い[2]。これら化合物はすべて放線菌（主として Streptomyces）の生産物である。

〔1〕 アンスラサイクリン系化合物

アドリアマイシン（adriamycin，ドキソルビシンとも呼ぶ）および**ダウノマイシン**（ダウノルビシンとも呼ぶ）はそのアグリコン部分のアンスラキノン構造にちなんで，**アンスラサイクリン系物質**と呼ばれ，乳ガン，胃ガン，肺ガン，卵巣がんなどのがん腫，各種の肉腫，悪性リンパ腫，急性白血病に使用される。両化合物とも骨髄抑制など制がん剤一般に見られる副作用の他に，蓄積性の心毒性があり，心筋障害を起こす。生合成的には，ポリケチド化合物に属し，アミノ糖が結合している（図 11.18）。アドリアマイシンは Streptomyces peuceticus によって生産される。

マイトマイシン C
$R_1=NH_2$, $R_2=OCH_3$, $R_3=H$

アドリアマイシン　$R=CH_2OH$
ダウノマイシン　　$R=CH_3$

アクチノマイシン D

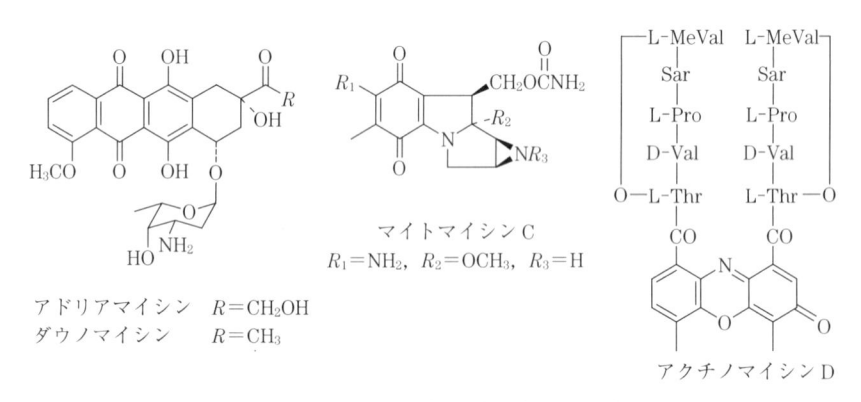

図 11.18　代表的な抗がん抗生物質の構造

〔2〕 マイトマイシン

マイトマイシン C（mitomycin C）は，がん腫，肉腫，白血病，ホジキン病に使用される。白血球減少の副作用を示す。**アポトーシス**（apoptosis）（プログラム化された細胞死）を誘導する。DNA 合成阻害と DNA 崩壊作用がある。生産菌は Streptomyces caespitosus であり，R_1，R_2，R_3 が異なる数種の成分を同時に生産する。マイトマイシンの N を含むキノン部分は，メタ C_7N 単位に由来する（7.6 節 参照）。

〔3〕 アクチノマイシン

アクチノマイシン（actinomycin）は，置換フェノキサジンに5個のアミノ酸からなるペプチド側鎖が2個結合した化合物であり，多くの成分が単離されている。臨床的には**アクチノマイシンD**が Wilms 腎腫瘍，絨毛上皮腫の治療に用いられている。DNAのグアニン部分と水素結合し，DNA 依存性の RNA ポリメラーゼ反応を強く阻害する。細菌および哺乳動物の RNA 合成を選択的に阻害する。*Streptomyces antibioticus* をはじめとする数種の放線菌によって生産される。

〔4〕 ブレオマイシン

ブレオマイシン（bleomycin）は，アミン側鎖が異なる複数の化合物からなる混合物であり，A2 が活性が強い[7]（図 11.19）。培養液にアミン誘導体を添加しておくと，側鎖部分に取り込まれ，新規ブレオマイシンが調製される。ペプレオマイシンはその一種であり，肺毒性が少ないため，臨床的に使用されている。上皮細胞に集まりやすいため，皮膚や頭頸部などの扁平上皮がんや Hodgkin 病の治療に使用されている。種々の臓器に蓄積するが，脱アミノ化を受けて不活化される。しかし，肺と皮膚では不活化を受けにくく，肺線維症や脱毛などの副作用を起こす。生産菌は *Streptomyces verticillus* である。

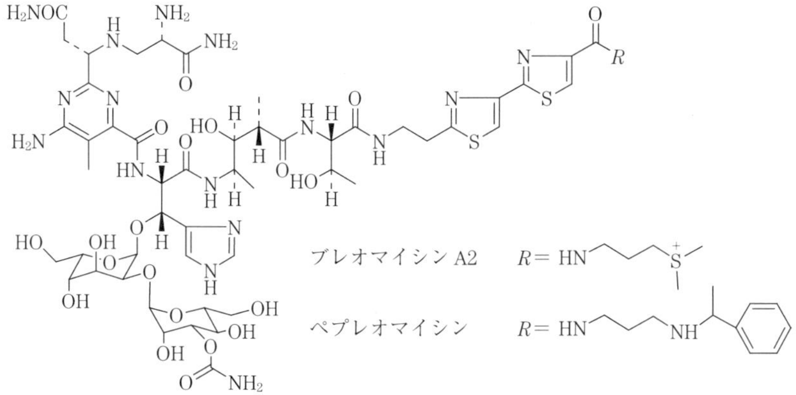

図 11.19 ブレオマイシンの構造

〔5〕 ネオカルチノスタチン

ネオカルチノスタチン（neocarzinostatin）は分子量約1万の酸性タンパクと低分子の発色団（クロモフォア）からなる（図11.20）。急性白血病，胃ガン，膵臓がんに静脈注射で投与される。活性本体は低分子のクロモフォア（NCS Chr）であり，9員環中に2個の三重結合と1個の二重結合という他に例を見ないユニークな構造を有する。この低分子部分はきわめて不安定であるが，タンパクとの複合体として安定化されている。ネオカルチノスタチン以外も数種の構造類似化合物が単離されている[2]。その構造にちなんで，本群に属する化合物は，**エンジイン化合物**と総称されている。生産菌は *Streptomyces carzinostaticus* である。

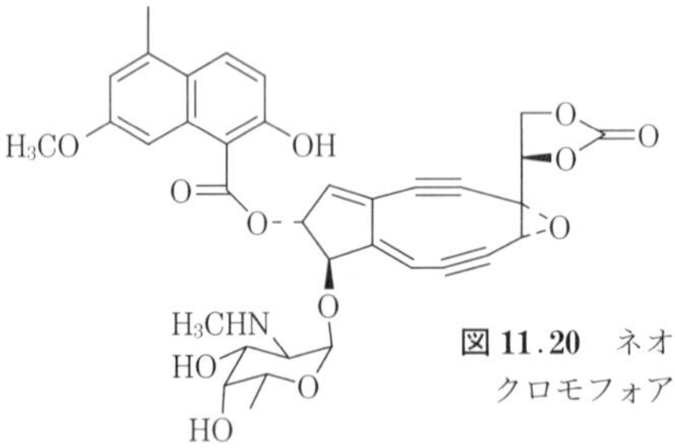

図11.20 ネオカルチノスタチンのクロモフォア（NCS Chr）の構造

11.3 農業用抗生物質

本群の化合物は植物病害防除に使用されており，ほぼ全部がわが国で単離され，実用化された[8,9]。以下に説明する抗生物質は，すべて放線菌によって生産される水溶性の化合物である。

11.3.1 ヌクレオシド系抗生物質

ヌクレオシド（nucleoside）**系抗生物質**の構造を図11.21に示す。これらはすべてピリミジン塩基と異常アミノ酸が結合した構造を有する。

〔1〕 ブラストサイジンS

ブラストサイジンS（blasticidin S）は，糖部分に二重結合を有するヘキソ

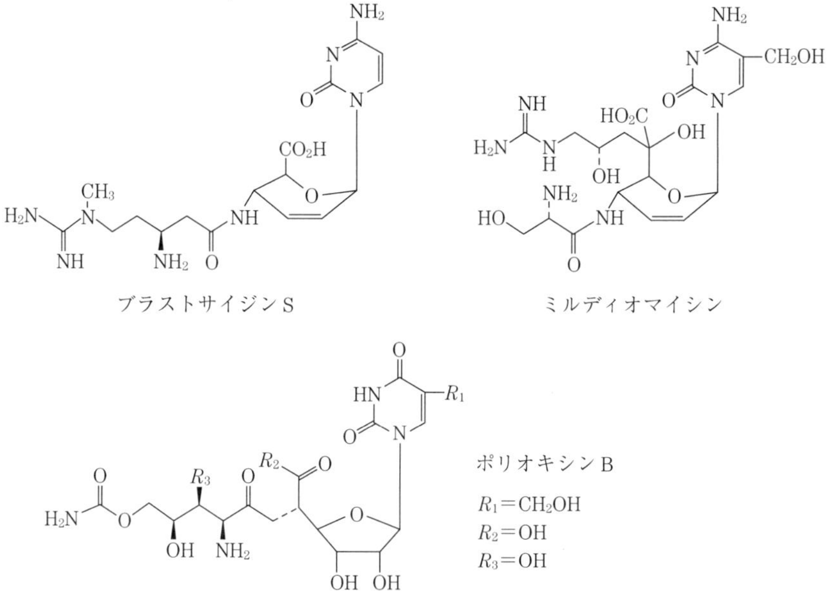

11.3 農業用抗生物質

図 11.21 農業用ヌクレオシド系抗生物質の構造

ブラストサイジン S

ミルディオマイシン

ポリオキシン B
$R_1 = CH_2OH$
$R_2 = OH$
$R_3 = OH$

ースの誘導体とシトシンからなるピリミジンヌクレオシド部分と，N-メチル β-アルギニンが結合したユニークな構造を有するヌクレオシド系抗生物質である。イネの大病害であるいもち病の防除には酢酸フェニル水銀が戦後使用されていたが，これに代わる農業用専門の抗生物質として世界で初めて実用化され，その後の微生物源農薬の発展に大きな影響を与えた。本化合物は，イネのいもち病に対して，低濃度で効果を示し，高い治療効果を示す。いもち病菌の発芽を阻止し，胞子形成を阻害する。原核，真核生物のリボゾームに結合して，タンパク生合成におけるペプチド鎖の伸長を阻害する。*Streptomyces griseochromogenes* によって生産される。

〔2〕 **ポリオキシン**

ポリオキシン（polyoxin）はイネの紋枯病防除を目的として，イネ幼苗を用いたポット試験によるスクリーニングによって発見された[7]。生産菌は *Streptomyces cacaoi* subsp. *asoensis* である。図 11.21 に示すピリミジン塩基部分（R_1），糖（R_2）およびアミノ酸部分（R_3）の構造が異なる種々の成分からな

っており，成分 A から M に至る 13 種類の化合物が単離されている。本化合物はカビの細胞壁の成分であるキチン合成を選択的に阻害する。これはその構造が細胞壁構成成分であるキチンの前駆体の UDP-N-アセチルグルコサミンと類似しているためである。そのためキチンをもたない動物や植物に対する毒性がほとんど認められない安全性に優れた農薬となっている。イネ紋枯病，ナシ黒斑病，リンゴ斑点落葉病，タバコ赤星病，イチゴ灰色カビ病などの防除に，広く使用されている。

〔3〕 ミルディオマイシン

ミルディオマイシン（mildiomycin）は，ブラストサイジン S と類似した構造を有し，二重結合をもつ糖とヒドロキシメチルシトシン核が結合したヌクレオシド部分にアミノ酸が結合している化合物で，うどんこ病に有効な物質として単離された。本化合物は *Streptoverticillium rimofaciens* によって生産される[7]。うどんこ病はヨーロッパでは，穀類，果実，蔬菜，園芸植物などに大きな被害を与えている疾病である。うどんこ病菌は絶対寄生菌であり，試験管内では生物活性のテストができない。そこで活性物質のスクリーニングにあたっては，オオムギの幼苗根部を供試溶液含有の脱脂綿で包み，小筆でその展開葉にうどんこ病菌の分生胞子を接種し，発病の有無を観察するという方法が採用された。次いで第 2 次スクリーニングとして，薬液散布したオオムギ幼苗に罹病植物から分生胞子で感染させ，防除効果を観察するという方法が採用された。このように手間のかかる検定方法の採用により，ミルディオマイシンの単離に成功した。ミルディオマイシンはマウスやラットなどの動物や魚に対する毒性がきわめて弱く，安全性が高い農薬である。本化合物はバラうどんこ病用製剤としてミラネシンの名前で市販されている。

11.3.2 アミノサイクリトール系抗生物質

アミノサイクリトール系抗生物質の構造を図 11.22 に示す。

〔1〕 バリダマイシン

バリダマイシン（validamycin）は，水酸基の有無，糖の結合様式の異なる

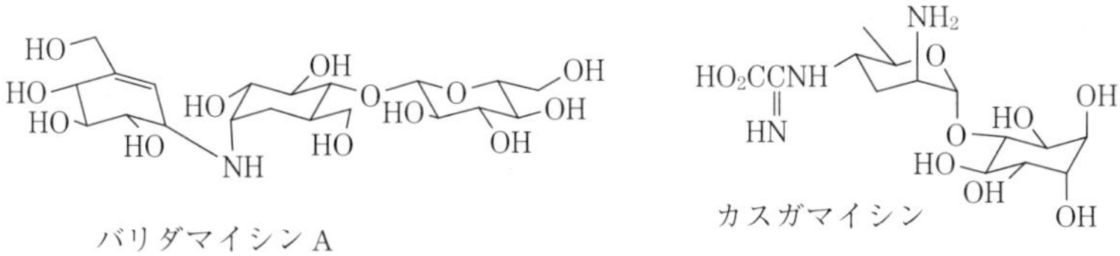

バリダマイシンA　　　　　　　　　カスガマイシン

図11.22 農業用アミノサイクリトール系抗生物質の構造

AからFまでの成分があるが，Aが最も活性が高い。*Streptomyces hygroscopicus* var. *limoneus* によって生産され，イネの紋枯病の予防，治療剤として使用されている。紋枯病は菌糸の伸長によって蔓延する病害であることから，菌糸の伸長を阻害する物質のスクリーニングを行い，その結果得られた化合物である。バリダマイシンAはイネ紋枯病菌に対して *in vitro* では活性を示さないが，イネ体上で菌糸の伸長や侵入菌の菌核形成を阻害する。菌体内の貯蔵糖であるトレハロースをグルコースに分解する酵素トレハラーゼを阻害するため，細胞のエネルギー代謝が異常となる。菌の生育を停滞させ，菌糸の進入と病斑の進展を抑制する。作用は静菌的である。作物残留性がなく，薬害も示さない。人畜，魚介類などにも安全な薬剤である。

〔2〕 **カスガマイシン**

カスガマイシン（kasugamycin）は，*Streptomyces kasugaensis* によって生産される化合物であり，アミジンカルボン酸というユニークな官能基を有するのが特徴である。イネのいもち病の防除に使用されている。イネ体内へ浸透移行していもち病菌の生育を阻止する作用がある。治療効果および予防効果が認められている。その作用機序は，タンパク生合成系におけるmRNA・リボソーム・tRNAのタンパク生合成開始体の形成阻害である。植物病原糸状菌だけでなく，細菌にも有効で，*Pseudomonas* 属細菌によって引き起こされる葉鞘褐変病，もみ枯細菌病，イネ立ち枯れ細菌病などにも有効である。植物に対する薬害を示さず，動物に対する毒性が低いという優れた性質を有する。

11.3.3 除　草　剤

〔1〕 ビアラホス

ビアラホス（bialaphos）は，*Streptomyces hygroscopicus* によって生産されるトリペプチドであり，非常にユニークなC-P-C結合を有するアミノ酸であるホスフィノトリシンと2モルのアラニンからなる（図11.23）。本化合物におけるホスフィン酸部分（C-P(=O)(OH)-C）は，ホスホエノールピルビン酸（PEP）のリン酸部分が2度の還元を受けて形成される。活性本体はホスフィノトリシンであり，散布後にアラニルアラニン部分が除去されて殺草活性を示す。植物は施肥された硝酸塩をアンモニアに還元し，その後種々の化合物の合成（例えばアミノ酸）に利用しているが，生成したアンモニアの毒性を軽減するため，グルタミン酸との反応によりグルタミンに変換してただちに無毒化している。ホスフィノトリシンは構造的に類似したグルタミンのアナログとして作用し，グルタミン合成酵素を阻害する。その結果，アンモニアが植物体内に蓄積して毒性が発現し，枯死する[8), 10)]。

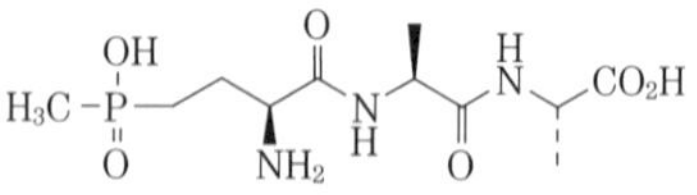

ビアラホス 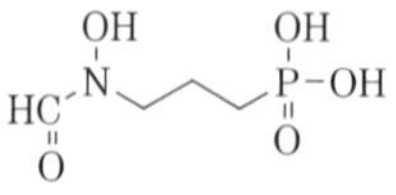　　　　　　　　ホスミドマイシン

図11.23 除草活性を示すビアラホスとホスミドマイシン

〔2〕 ホスミドマイシン

ホスミドマイシン（fosmidomycin）は，MEP経路の鍵酵素であるDXSレダクトイソメラーゼの阻害剤である（5.6節 参照）。MEP経路が阻害される結果，テルペノイド生合成が阻害され，植物はクロロフィルの生成が行えず，葉が白色化して植物体が枯死する。*Streptomyces lavendulae* によって生産される。本物質はマラリア原虫である *Plasmodium vinckei* にも活性を示すため，抗マラリア剤として開発される可能性がある。

11.3 農業用抗生物質　　159

11.3.4 殺　虫　剤

〔1〕 **エバーメクチン**（商品名：**イバーメクチン**）

エバーメクチン（アベルメクチン，avermectin）は，寄生虫線虫（*Nematospiroides dubius*）に有効な物質をスクリーニングした結果，*Streptomyces avermitilis* から単離されたポリケチド化合物である。アルキル側鎖や水酸基の有無などが相違する多くの成分からなる。エバーメクチン B1 を選択的に還元した **22,23-ジヒドロエバーメクチン B1**（B1a：80％，B1b：20％の混合物）（図 11.24）が，**イバーメクチン**として米国，南米，ニュージーランド，オーストラリアなどで動物薬として市販されている。

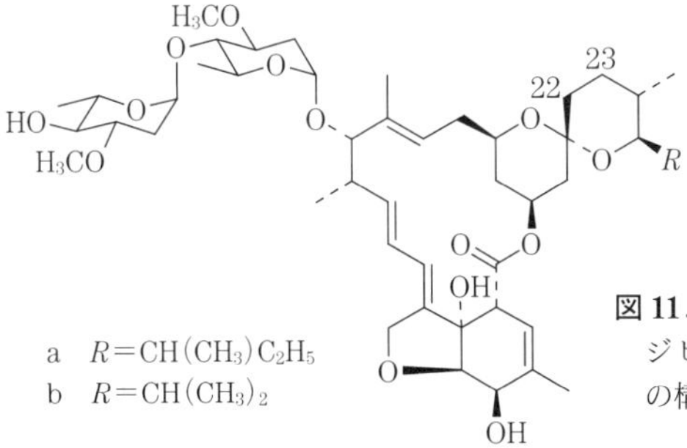

a　$R=CH(CH_3)C_2H_5$
b　$R=CH(CH_3)_2$

図 11.24　イバーメクチン（22,23-ジヒドロエバーメクチン B1b）の構造

抗寄生虫スペクトルがきわめて広く，多くの線虫門に属する寄生虫（旋毛虫，鞭虫，蛔虫，糸状虫など）に幅広く有効である。さらにノミ，シラミ，ダニ，皮下寄生のハエ幼虫や食品害虫の甲虫を含む節足動物にも有効である。アフリカで蔓延しているヒトのオンコセルカ症（線虫）の治療に著しい効果を示すことが特記される[7]。この病気はメキシコ，南米，アフリカ中部の赤道地域に蔓延する寄生虫病で患者数 2 億 5 千万人にも及ぶといわれ，これら地域の住民の健康維持に大きな貢献をしている。

〔2〕 **ノナクチン**

ノナクチン（nonactin）は，*Streptomyces aureus* によって生産される化合物であり，他に構造類似のテトラナクチンがある。テトララクトン構造を有することから，**マクロテトロライド**（macrotetrolide）と総称される（図 11.

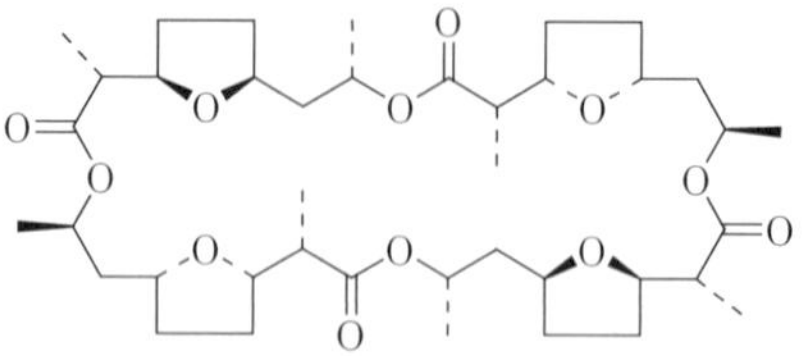

図 11.25　ノナクチンの構造

25）。金属イオンとキレートをつくり，細胞膜のイオン輸送に作用する。殺ダニ性抗生物質として世界に先駆けてわが国で実用化された。ダニ類に対して強い効果を示すが，温血動物に対する毒性はきわめて低い。

〔3〕 **ポリエーテル抗生物質**

多数の5員および6員のエーテル環を有することからこのように呼ばれる。多数の化合物が単離されている。この群の化合物はカルボン酸およびエーテル環の極性を有する酸素原子を内側にして球状の構造をとっており，中心部が空洞になっている。金属イオンはこの分子の内側の極性基と配位することにより，分子の中（空洞部分）に包み込まれてしまう。そのため，金属塩が溶媒に可溶になるという珍しい性質を示す。金属と配位するポリエーテル化合物の内部空間の大きさは，化合物によって異なるため，金属イオンに対する親和性が化合物によって異なる。

本群の化合物は，鶏のコクシジウム症（*Eimeria tenella*）に有効である。ま

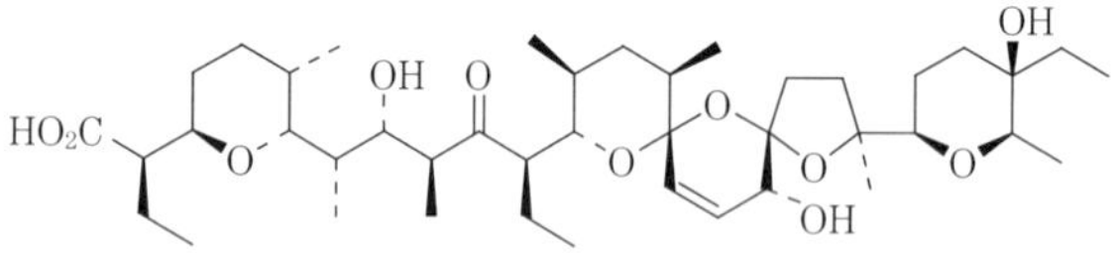

サリノマイシン

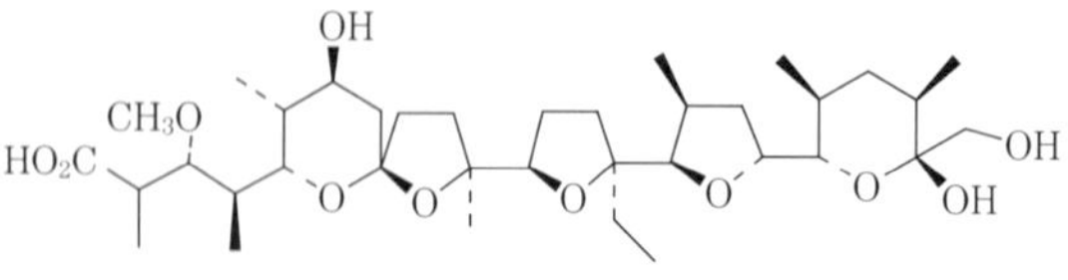

モネンシン

図 11.26　サリノマイシンおよびモネンシンの構造

た，牛などの反芻動物に肥育効果を示すため，飼料の量を節約することが可能である。**サリノマイシン**（salinomycin）は *Streptomyces albus*，**モネンシン**（monensin）は *Streptomyces cinnamonensis* によって生産され，いずれの化合物も家畜用抗生物質として実用化されている（**図11.26**）。生合成的にはポリケチド化合物に属し，サリノマイシンは酢酸，プロピオン酸および酪酸の縮合によって生産される（図2.7参照）。

11.4 その他の薬理学的活性を有する微生物産物

11.4.1 酵素阻害剤

微生物は抗生物質以外にも多くの生理活性物質を生産しており，独自のスクリーニングを考案することによって，有用な化合物が見出されている。抗生物質の作用の本質は，特定の酵素活性を阻害することにあり，この考えに立てば，抗生物質のスクリーニングに続いて，酵素阻害活性を有する代謝産物のスクリーニングが行われるようになったのは当然の成行きといえる。これまで非常に多くの酵素阻害剤が発見されているので，ここでは代表的な化合物についてのみ説明する。酵素阻害剤については総説で詳細に説明されている[11),12)]。

〔1〕 コレステロール生合成阻害剤

高コレステロール症は虚血性心疾患の三大危険因子の一つであり，人口の高齢化と食事の欧米化によって年々増加している。メバロン酸経路により生成されるIPPとDMAPPは，コレステロール合成の出発物質である（6.1節 参照）。したがって，メバロン酸経路を阻害すれば，コレステロール合成の阻害が起こり，高コレステロール症および高脂血症の治療に有効と考えられる。このような考えのもとに見出された化合物がコレステロール合成阻害剤である[13),14)]。

数種の関連化合物が見出され，上記疾患の治療に全世界で広範囲に使用されている。その一例である**プラバスタチン**（pravastatin）（商品名：**メバロチン**（mevalotin））は三共株式会社から販売されている。その構造を**図11.27**に示す。この化合物の四角の枠で囲んだ部分の構造が，メバロノラクトンに類似し

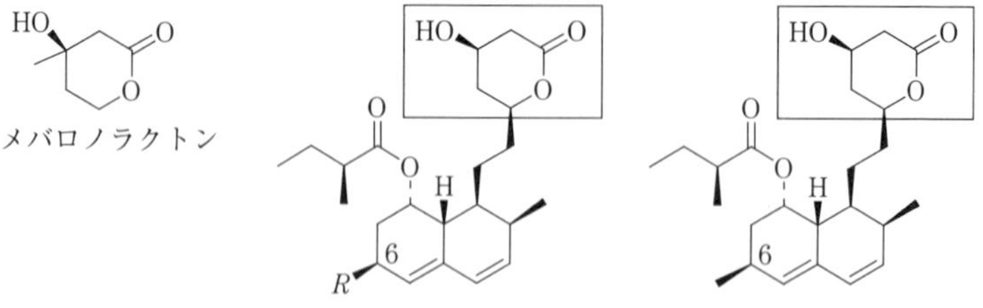

162   11. 生物活性を有する微生物代謝産物

メバロノラクトン

$R=OH$ プラバスタチン
          （商品名：メバロチン）
$R=H$ ML-236B
          （コンパクチン）

ロバスタチン
（モナコリン K）

図 11.27 HMG-CoA レダクターゼの阻害剤の構造

ているため，これを基質とする 3-ヒドロキシ-3-メチルグルタリル CoA（HMG-CoA）レダクターゼの阻害が起こると考えられている。プラバスタチンはカビ（*Penicillium citrinum*）により生産されたポリケチドである ML-236B を放線菌 *Streptomyces carbophilus* により 6 位を水酸化したもので，世界的に広く使われている。プラバスタチン以外に *Aspergillus terreus* から**ロバスタチン**（lovastatin，**メビノリン**（mevinolin）とも呼ぶ）が単離され，実用化されている。化学合成によって多数のより活性の強力な化合物も調製されており，スタチンと総称されるこの群の化合物は重要な医薬品となっている。

〔2〕 プロテアーゼ・ペプチダーゼ阻害剤

生体の恒常性（ホメオスタシス）を保つために，多くの酵素が関係している。そのうちの一つである**プロテアーゼ**（protease）や**ペプチダーゼ**（peptidase）は，正常な生理的機能に必須であるが，場合によっては種々の病的状態を引き起こす原因ともなっている。例えば筋ジストロフィー，自己免疫疾患（慢性関節リュウマチなどを含む膠原病など）などが挙げられる。これらの疾病の治療を目的としてスクリーニングされた結果，多くの酵素阻害剤が単離された[11),12)]。

これら阻害剤は，基礎的な面では，酵素の反応機構の解析やアフィニティークロマトグラフィーの活性基としても応用され，種々の酵素の精製を容易にするなど，生化学，生物学，遺伝子工学などの研究の進歩に貢献している。代表

11.4 その他の薬理学的活性を有する微生物産物   163

的な化合物の例を**図 11.28** に示す。

アンチパイン（antipain）と**ロイペプチン**（leupeptin）はエンドペプチダーゼであるセリン・システインプロテアーゼに属する酵素を阻害する。前者は

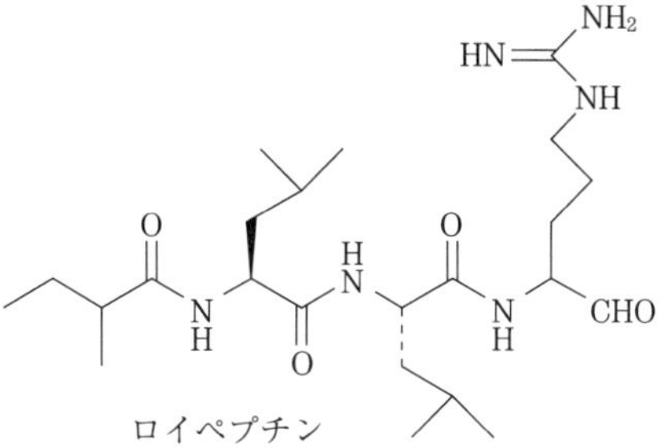

ロイペプチン

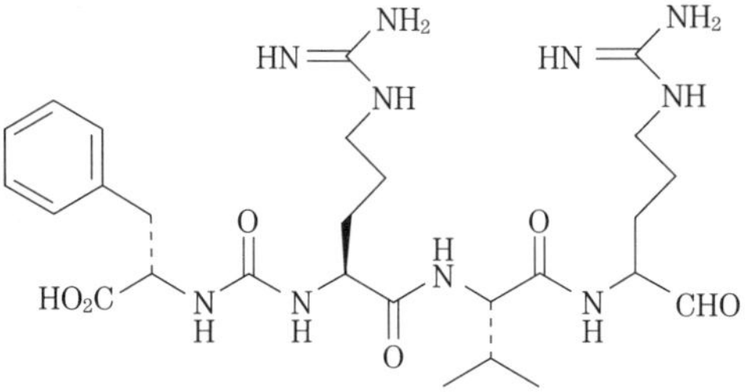

アンチパイン

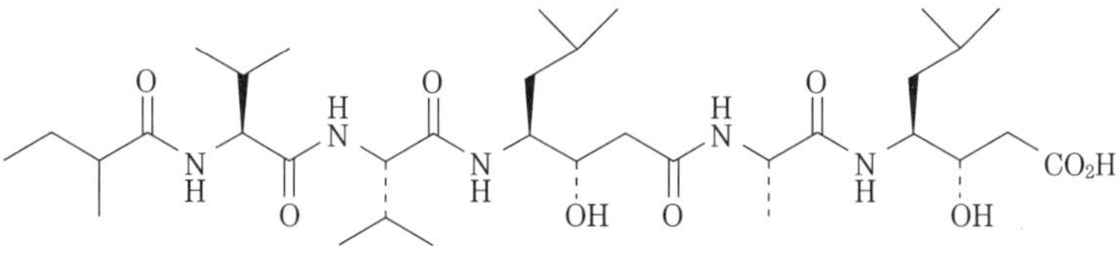

ペプスタチン

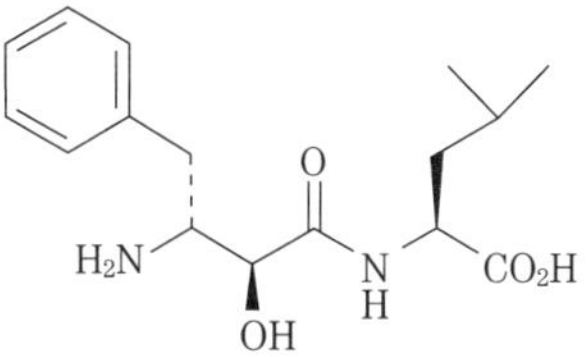

ベスタチン

図 11.28　微生物から単離されたプロテアーゼ・ペプチダーゼ阻害剤

Streptomyces sp., 後者は *Streptomyces roseus* や *Streptomyces lavendulae* によって生産される。

ペプスタチン（pepstatin）は *Streptomyces testaceus* や *St. procidinanus* によって生産され，ペプシン，HIV-1プロテアーゼ，レニンなどの酵素が属するエンドペプチダーゼである酸性プロテアーゼ（アスパルチックプロテアーゼ）の阻害作用を示す。

ベスタチン（bestatin）はエキソペプチダーゼであるアミノプチダーゼBの阻害作用を示す[7]。生産菌は *Streptomyces olivoreticuli* である。本物質には免疫増強作用に基づく抗腫瘍活性が認められ，**ウベニメックス**の商品名で非リンパ性白血病の治療薬として臨床応用されている。

ここに挙げた以外にも異なる種類の酵素を対象とした多数の酵素阻害剤が単離されている[11), 12)]。

11.4.2 免疫抑制剤

微生物生産物であるシクロスポリンやFK506（タクロリムス）は，強力な免疫抑制剤として作用し，臓器移植した患者における拒絶反応の抑制に使用されている。

〔1〕 **シクロスポリン**

シクロスポリン（cyclosporin）は，最初抗カビ抗生物質として，*Trichoderma inflatum*（以前は *Tolypocladium inflatum* と呼ばれていた）から単離された環状ペプチドである[1), 2)]（**図11.29**）。シクロスポリンには数多くのN-メチル基が存在するという構造上の特徴がある。このN-メチル基はN-メチル基が存在しない場合に形成されるN-H基とアミドカルボニル基との間の水素結合の形成を阻害しており，そのため特定の立体配座をとっている。1972年スイスのサンド社がこの化合物に強力な免疫抑制作用があることを発見した。その後腎移植や肝移植での拒絶反応抑制薬として有効であることがわかり，1980年代の初めに上市された。しかし副作用の問題があり，より安全で効力の強い免疫抑制剤の開発が望まれていた。

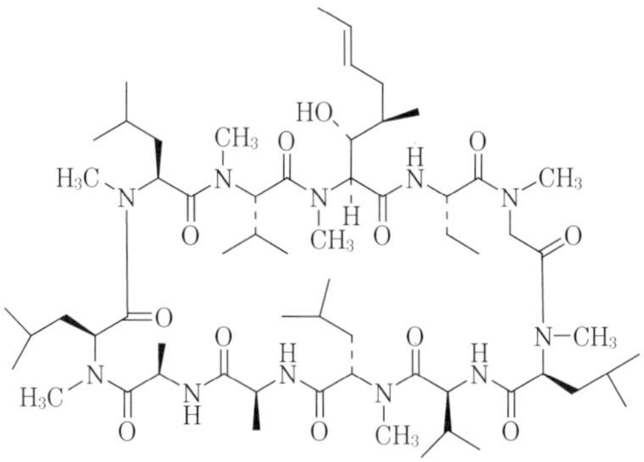

図 11.29 シクロスポリンの構造

〔2〕 FK506（タクロリムス）

藤沢薬品工業株式会社は，独自のスクリーニング系を採用し，より優れた薬剤である**FK506（タクロリムス**（tacrolimus））の単離に成功した[15]。その原理はつぎのとおりである。臓器移植に際しては，免疫を担当するキラーT細胞が移植片を攻撃するため，臓器が生着しない。この移植部位で起こっている反応を，*in vitro* で反映したものが，マウスの**混合リンパ球反応**（mixed lymphocyte reaction，**MLR**）で，組織の適合試験に利用されている。主要組織適合抗原の異なる2種のリンパ球を混合すると，たがいに刺激を受けてリンパ球が分化・増殖する。この反応は，免疫作用を直接反映する反応として知られている。自己免疫疾患や移植臓器の拒絶のような異常な免疫反応では，リンパ球の一種であるT細胞が活性化され，増殖しているが，この増殖はT細胞の増殖因子であるインターロイキン2（IL-2）によるものである。したがってIL-2の産生を抑制すれば，活性化T細胞の増殖を抑え，免疫反応を抑制することができるはずである。

この混合リンパ球反応を利用し，スクリーニングを行い，*Streptomyces tsukubaensis* と命名した放線菌から，新規免疫抑制物質FK506の単離に成功した。FK506は23員環のマクロライドであり，図 11.30 に示す構造を有する。本物質はシクロスポリンの約1/100の濃度で同じ効力を示し，T細胞特異的に作用した。

その後FK506は臨床試験で優れた治療効果を示し，現在商品名プログラフ

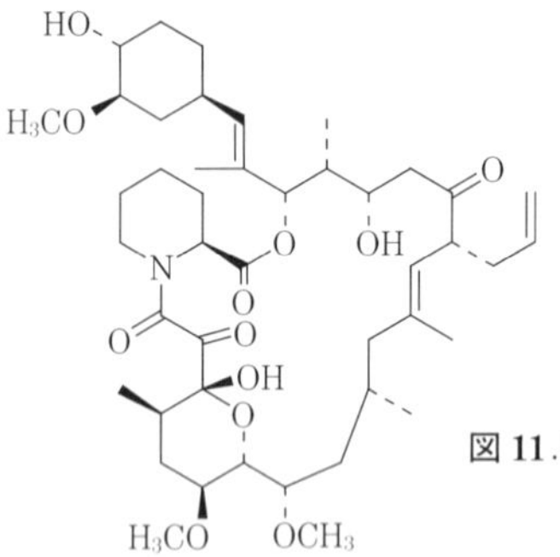

図 11.30 FK506（タクロリムス）の構造

として，臓器移植や骨髄移植に，また全身型重症筋無力症，関節リウマチの治療に使用されている。また，その外用薬プロトピックがアトピー性皮膚炎の治療薬として日・欧米で市販されている。

　FK506 の作用機作の研究により，それまで不明であった T 細胞の活性化機構が解明された。FK506 はイムノフィリンと総称される細胞質中レセプタータンパク（**FK 結合タンパク**（FK binding protein，**FKBP**））に結合した後，カルシニューリン（CN）と呼ばれるプロテインフォスファターゼに結合する。その後種々の反応の後，IL-2 に代表されるサイトカインの発現を抑制する。FK506 の作用機作を研究していく過程で，T 細胞の活性化シグナル伝達経路の新しい反応，新しいタンパク，新しい遺伝子が発見され，FK506 の発見は免疫学における基礎研究の面でも大いに貢献している。

引用・参考文献

1) Glazer, A.N. and Nikaido, H.（斎藤日向，高橋秀夫，磯貝　彰，児玉　徹，瀬戸治男 共訳）：微生物バイオテクノロジー，pp.293-350，培風館（1996）
2) 田中信男，中村昭四郎：抗生物質大要，化学と生物活性 第 4 版，東京大学出版会（1992）
3) 田中　治，野副重男，相見則郎，永井正博 編：天然物化学 訂第 5 版，pp.373-390，南光堂（1998）
4) 上野芳夫，大村　智：微生物薬品化学 改訂第 3 版，南光堂（1995）
5) 大村貞文，森本繁夫，長手尊俊，安達　孝，河野喜郎：クラリスロマイシンの開発研究，ファインケミカル，**23**，20，pp.18-28（1994-11）

引用・参考文献

6) 橋本正治，岩元俊朗，鶴海泰久，橋本道真：抗真菌剤 Micafungin (FK 463) の発見と開発，日本農芸化学会誌，**78**，7，pp.636-643（2004-7）
7) 日本農芸化学会 編：抗生物質―新しい領域への展開―，日本農芸化学会 ABC シリーズ 6，朝倉書店（1985）
8) 日本農薬学会 編：日本の農薬開発，pp.18-28，pp.355-364，ソフトサイエンス社（2003）
9) 日本生物工学会 編：生物工学ハンドブック，pp.689-694，コロナ社（2005）
10) ハービー液剤：http://www.meiji.co.jp/agriculture/rice/herbi/index.html（2006 年 2 月現在）
11) 青柳高明：微生物の産生する低分子酵素阻害物質，探索並びに医学，薬学的応用研究，薬学雑誌，**116**，7，pp.548-565（1996-7）
12) 青柳高明：酵素阻害物質概論，蛋白質・核酸・酵素，**38**，11，pp.1891-1918（1993-11）
13) 辻田代史雄：高脂血症治療薬：HMG-CoA 還元酵素阻害剤―開発の歴史生体の科学，**46**，6，pp.689-694（1995-6）
14) 辻田代史雄：高脂血症治療薬メバロチン，循環器専門医，**8**，1，pp.143-150（2000-1）
15) 奥原正国：免疫抑制剤 FK 506 の発見―微生物からの創薬―，現代化学，10 月号，p.22-28（1996-10）

索　引

【あ】

青いバラ	94
アクチノマイシン	153
アクチノロージン	34, 35
アジュガラクトン	123
アシル基転移酵素	32, 38
アシルキャリヤータンパク	31, 38
アスタキサンチン	74
アスペルギルス症	147
アセチル CoA	25
アセトアセチル CoA	49
アドリアマイシン	152
アドレナリン	80
アピゲニン	90
アブシジン酸	109
アフラトキシン	30
アベルメクチン	159
アポトーシス	152
アミノグリコシド	144
アミノグリコシド化合物の不活化	145
アミノサイクリトール	144
アミノサイクリトール系抗生物質	156
アミノシクロプロパンカルボン酸 -α	105
アミリン -β	72
アラタ体	118, 120
アルドステロン	70
アロエサポナリン	35
アロエサポナリン II	36
アンサマイシン	148
アンスラサイクリン系物質	152
アンチパイン	163
安定同位元素	10
アントシアニジン	88, 90
アントシアニン	89, 91
アントシアニン合成	94
アントラニル酸	77
アンドロゲン	70
アンドロステンジオン	68
アンフォテリシン B	147

【い】

イオノン	62
いす-いす-いす-舟型	67
いす-舟-いす-舟型	66
イソイリドミルメシン	63
イソジャスモン酸	114
イソフラボン	96
イソプレノイド	46
イソペニシリン N	143
イソペンテニルアデニン	106
イソペンテニル二リン酸	47, 49
イソペンテニルピロリン酸	47
イソリクイリチゲニン	95
一次代謝産物	1
遺伝子組換え	94
遺伝子散歩	22
イネ馬鹿苗病	107
イバーメクチン	159
イプスディエノール	132
イプセノール	132
イポメアマロン	63
いもち病	155, 157
インシュリン	119
インターロイキン 2	165
インドール酢酸	102

【う】

うどんこ病	156
ウペニメックス	164
ウルトラハイスループットスクリーニング	6

【え】

エクジステロイド	122
エクジソン	118, 122
エクダイソン	122
エストラジオール	68, 97
エストロゲン	70
エストロン	68
エスレル	104
エチレン	103
エチレン処理	104
エチレンの生合成	105
エトポシド	84
エノイル還元酵素	37, 39
エバーメクチン	159
エピジャスモン酸	114
エポチロン D	44
エリサン	119
エリスロマイシン	24, 40, 146
エリスロマイシン A	139
エルゴカルシフェロール	70
エルゴステロール	70
エンジイン化合物	154
エンドペプチダーゼ	163

【お】

オオサシガメ	124
オーキシン	102
オクタケチド	29
オルセリン酸	24, 27

オーレオシジン	91, 95	
オーロン	95	
オンコセルカ症	159	

【か】

カイコガ	128
カイネチン	106
カスガマイシン	157
カスタステロン	111
カズレノン	86
カセット	41
カップリング	14
カノサミン	83
カルコン	88, 89, 95
カルコン合成酵素	90, 93
カルシニューリン	166
カルス	103
カルボン	62
カロテノイド	73
カロテン-β	47, 74
環化酵素	34
カンジダ症	147
カンファー	63
カンペステロール	112

【き】

キクイムシ	132
キサントキシン	110
キチン	138
キチン合成	156
キノン	81
協奏の閉環反応	67
協奏反応	59

【く】

屈光性	101
クマロイルCoA	89
組合せ化学	6
組合せ生合成	43
クラスター	4
クラリスロマイシン	146
グリセウシン	34

グリセルアルデヒド 3-リン酸	53, 55
グルココルチコイド	70
グルタールイミド	149
クローニング	21
クロラムフェニコール	139, 149

【け】

警報フェロモン	133
ケトアシル還元酵素-β	37
ケトアシル合成酵素-β	31
ケト還元酵素	33, 37, 39
ケト合成酵素	32, 38
ゲニステイン	96
ゲラニアール	134
ゲラニル二リン酸	48
ケルセチン	94
ゲルダナマイシン	82
ゲルマクレン	60
ケンフェロール	94

【こ】

抗マラリア剤	158
コエンザイムA	25
コエンザイムQ	51
コクシジウム症	160
コシンセシス	20
コリスミ酸	76
コルチゾン	70
コレステロール	68, 147
混合リンパ球反応	165
昆虫フェロモン	126
コンビナトリアルケミストリー	6

【さ】

最少ポリケチド合成酵素	32
サイトカイニン	105
細胞性粘菌	106
細胞壁合成酵素	143
酢酸イソペンテニル	134

酢酸のチオエステル	25
鎖長決定因子	32
サポニン	72
サマーウェーブ	93
サリノマイシン	13, 161
酸化的フェノールカップリング	86
酸性プロテアーゼ	164
サントニン	63

【し】

シアニジン	90
シアノバクテリア	56
色素体	56
シキミ	76
シキミ酸	75
シクロアルテノール	112
シクロスポリン	164
シクロヘキサンカルボン酸	30
シクロヘキシミド	149
シクロヘキセンカルボン酸	75
シタロン	15
シトステロール	71
シトステロール-β	122
シトラール	62
シトロネラール	134
シトロネロール	62
ジヒドロケルセチン	92
ジヒドロケンフェロール	90, 92
ジヒドロフラバノール 4-還元酵素遺伝子	93
ジヒドロミリセチン	92
ジベカシン	146
ジベレリンA₃	108
ジベレリン	107
ジベレリンA₁	108
脂肪酸合成	26
ジホスホメバロン酸デカルボキシラーゼ	49

ジメチルアリル二リン酸
　　　　　　　　　47, 49
ジメチルアリルピロリン酸
　　　　　　　　　　47
ジャスモン酸　　　　114
ジャポニリュア　　　129
集合フェロモン　　　132
修飾酵素　　　　　　39
出発単位　　　　　　30
植物エクジソン　　　123
女性ホルモン　　　　68
除草剤　　　　　　　57
ジンセノシド　　　　72

【す】

スクアレン　　　　8, 66
スクリーニング　　　　5
スタチン　　　　　162
スチグマステロール　71
ステロイド　　　　　65
ステロール　　　　　68
ストレプトマイシン
　　　　　　　139, 144
スピン結合　　　　　15
スルカトール　　　　132
スルフレチン　　　　95

【せ】

ゼアキサンチン　　　110
ゼアチン　　　　　　106
生合成中間体　　　　18
生合成中間体の構造類縁体
　　　　　　　　　　18
セウデノール　　　　133
セクロピアカイコ　　124
セサミン　　　　　　84
セスキテルペン　　　52
セファロスポリンC　142
セルコリニン　　　　130
セロトニン　　　　　77
前胸腺刺激ホルモン
　　　　　　　118, 119
選択マーカー　　　　138

【そ】

臓器移植　　　　　　165
側路　　　　　　　　20

【た】

ダイゼイン　　　　　96
ダウノマイシン　　　152
ダウノルビシン　　　152
タキステロール　　　70
タキソール　　　　　63
タクロリムス　　　　165
脱水酵素　　　　37, 39
脱皮ホルモン　　　　121
タバコシバンムシ　　130
男性ホルモン　　　　68
炭素鎖の伸張　　　　38

【ち】

チオエステラーゼ　　38
チオストレプトン　2, 137
チュベロン酸　　　　116
朝鮮人参　　　　　　72
チロシン　　　　　　76

【て】

ディスパーリュア　　129
デオキシエリスロノリド　41
デカケチド　　　　　29
デスカデニン　　　　106
テストステロン　　　68
テトラケチド　　　　28
テトラサイクリン
　　　　　　30, 139, 148
テトラセノマイシン　34
テトラナクチン　　　159
テトラヒドロキシカルコン
　　　　　　　　　　89
テトラヒマノール　　65
デヒドロキナ酸　　　76
デヒドロシキミ酸　　76
デメチルホスフィノ
　トリシン　　　　　20

デルフィニジン　90, 92, 93
テルペノイド　　　　46
テルペン　　　　　　46
天然物化学　　　　　　1

【と】

動物エクジソン　　　122
動物の性ホルモン　　68
トガリバマキ　　　　123
ドキソルビシン　　　152
突然変異株　　　　　18
ドーパミン　　　　　81
トポイソメラーゼ　　84
トリケチド　　　　　28
トリコデルミン　　　63
トリテルペン　　　　65
トリプトファン　76, 77, 102
トリボリュア　　　　133

【な】

ナイスタチン　　　　147
内生ジベレリン　　　107
ナフタレンカルボン酸　30
ナリンギン　　　　　95
ナリンゲニン　　　90, 95

【に】

二次代謝産物　　　　　2
ニトロソグアニジン　19

【ぬ】

ヌクレオシド系抗生物質
　　　　　　　　　154
ヌートカトン　　　　62

【ね】

ネオカルチノスタチン　154
ネオセンブレン　　　135
ネオリグナン　　　83, 86
ネラール　　　　　　134

【の】

ノナクチン　　　　　159

ノナケチド	29	フコステロール	71	ペプチダーゼ	162
ノルアドレナリン	80	ブテイン	95	ペプチドグリカン	138
ノルソロリン酸	30	ブラシナゾール	114	ペプレオマイシン	153
		ブラシノステロイド	111	ペラルゴニジン	90, 92

【は】

		ブラシノライド	71, 111	ペリプラノンB	129
ハイスループットスクリーニング	6	ブラストサイジンS	154	ペリラアルデヒド	62
		プラスミド	21	変異誘起処理	19
パーオキシダーゼ	85	プラバスタチン	51, 161	変換株	20
バリダマイシン	156	フラバノン	88	ベンジルペニシリン	141
バンコマイシン	150	フラビオリン	9	ペンタケチド	28
反復PKS	31	フラボノイド	88	ペンタレノラクトン	
		フラボノイド 3′,5′-水酸化酵素	92		9, 52, 61

【ひ】

		フラボノール	91, 94		

【ほ】

ビアラホス	20, 158	フラボン	91, 94	芳香化酵素	34
火落酸	51	ブレオマイシン	2, 153	芳香族アミノ酸	76
非酵素的な化学反応	35	プレニル基転移酵素	47	放射性同位元素	10
ビタミンA	74	プレニルトランスフェラーゼ	48	補酵素Q	81
ビタミンB_2	55			ホスフィノトリシン	20, 158
ビタミンB_6	55	フレノリシン	34	ホスフィン酸	158
ビタミンD_2	70	プレフェン酸	76	ホスホエノールピルビン酸	
非天然型天然化合物	35, 41	プログネノロン	68		76, 83, 158
ヒドリドシフト	59	プロスタグランジン	115	ホスホメバロン酸キナーゼ	
非メバロン酸経路	49, 54	プロテアーゼ	162		49
ピルビン酸	53, 55	プロテインフォスファターゼ	166	ホスミドマイシン	57, 158
ピレスリンI	63			ポドフィロトキシン	84
		プロトスタンカチオン	60	ポナステロン	123

【ふ】

		分子内アルドール縮合	27	ポリエンマクロライド	147
ファラナール	136	分泌株	20	ポリオキシン	155
ファルネシル二リン酸				ポリケチド	24
	48, 60, 66, 110			ポリケチド化合物	28

【へ】

ファルネソール	62	ヘキサケチド	28	ポリケチド合成酵素	31
フィトエン	74	ヘキサヒドロキシリグナン		ポリケチド生合成機構	26
部位特異的変異	22		84	ポリケトメチレン	33
フェニルアラニン	76, 80	ヘジカリオール	60	ポーリンチャンネル	
フェニル基の転位	96	ベスタチン	164		139, 145
フェニルクロマン	88	ヘスペリジン	95	ボンビキシン	120
フェニル酢酸	103	ペチュニア	92	ボンビコール	128
フェニルプロパノイド		ヘテロオーキシン	102		

【ま】

	76, 83	ペニシリン	141		
フェロモントラップ	131	ペニシリンG	139, 142	マイトマイシンC	82, 152
フォスミドマイシン	140	ペプスタチン	164	マクロテトロライド	159
副腎皮質ホルモン	70	ヘプタケチド	29	マクロライド	146

マニコン		135
マラリアの病原体		57
マルビジン		89
マロニル CoA		26, 38

【み】

ミカフンジン		150
道しるべフェロモン		135
ミネラルコルチコイド		70
ミュータクチン		35, 36
ミルディオマイシン		156

【む】

紫色のカーネーション		92
ムーンダスト		93

【め】

メイタンシン		82
メタ C_7N		82, 152
メタ C_7N 単位		148
メチシリン		142
メチシリン耐性黄色ブドウ球菌		142
メチマイシン		43
メチルエリトリトールリン酸		53
メチルエリトリトールリン酸経路		49
メチルマロン酸		29
メトトリキセート		79
メナキノン 4		63
メバロチン		5, 51, 161
メバロノラクトン		49, 51, 161
メバロン酸キナーゼ		49
メバロン酸経路		49, 161
メビノリン		162
メントール		61, 62

【も】

モジュラーポリケチド合成酵素		37
モジュール		40
モネンシン		161
モリシン		16
紋枯病		157
紋枯病防除		155

【や】

野生株		18

【ゆ】

ユビキノン		51, 81

【よ】

葉酸		79
幼若ホルモン		118, 124

【ら】

ラクタマーゼ -β		143
ラクタム -β		140
ラノステロール		60

【り】

リグナン		83
リコペン		74
リファマイシン		30, 31, 82, 148
リファンピシン		82, 148
リモネン		62

【る】

ルチン		94
ルミステロール		70

【れ】

レモンの人工成熟		103

【ろ】

ロイペプチン		163
ロバスタチン		162

【わ】

ワグナー・メアワイン転位		58

【ギリシャ文字】

α-アミノシクロプロパンカルボン酸		105
β-アミリン		72
β-カロテン		47, 74
β-ケトアシル還元酵素		37
β-ケトアシル合成酵素		31
β-シトステロール		122
β-ラクタマーゼ		143
β-ラクタム		140

【数字】

[1,2-$^{13}C_2$] 酢酸		15
1,2-シフト		61
^{13}C-^{13}C カップリング		14
^{13}C-NMR		11
1-デオキシキシルロース 5-リン酸		53
1-ヒドロキシ-2-メチル-2-(E)-ブテニル 4-ジリン酸		55
20-ヒドロキシエクジソン		122
22,23-ジヒドロエバーメクチン B1		159
2,3-オキシドスクアレン		66
2,3-ジヒドロ-ξ-ヒドロキシウィタクニスチン		123
2,3-スクアレンオキシド		66
2-C-メチル-D-エリトリトール 4-リン酸		55
2-C-メチル-D-エリトロース 4-リン酸		55, 57
2-C-メチル-D-エリトロトール 2,4-シクロジリン酸		55
2-ホスホ-4-(シチジン 5′-ジホスホ)-2-C-メチル-D-エリトロトール		55
3,4-ジデオキシ-4-アミノ-D-$arabino$-ヘプツロソン酸 7-リン酸		83
3,7-ジデオキシ-D-$arabino$-ヘプツ-2,6-ジウロソン酸		76
3-アミノ-3-デオキシフルクトース 6-リン酸		83
3-デオキシ-D-$arabino$-ヘプツロソン酸 7-リン酸		76
3-ヒドロキシ-3-メチルグルタリル CoA		49
3-ヒドロキシ-3-メチルグルタリル CoA レダクターゼ		161
4-(シチジン 5′-ジホスホ)-2-C-メチル-D-エリトロトール		55

索引

4-メチルピロール-2-カルボン酸メチル 135	6-APA 141	6-メチルサリチル酸 11,12
5環性トリテルペン 73	6-アミノペニシリン酸 141	7-ACA 141
5-ジホスホメバロン酸 49	6-フルフリルアミノプリン 106	7-アミノセファロスポラン酸 141

【A】

ABA	109
ACP	31
ARO	34
AT	32

【C】

C_{20-22} リアーゼ	68
C_6–C_3 化合物	76, 83
C 7 骨格	83
CDP-ME	55
CDP-ME2P	55
Cephalosporium acremonium	142
cis-ベルベノール	132
CLF	32
CoA	25
CYC	34

【D】

DAHP	76
DH	37
DMAC	35
DMAPP	47, 51
DXP シンターゼ	55
DXP リダクトイソメラーゼ	55
DXP レダクトイソメラーゼ	57
DXS レダクトイソメラーゼ	158
D-エリトロース 4-リン酸	76

【E】

ent-カウレン	107
ent-コパリル二リン酸	107
ER	37
Eykman	76

【F】

FK506	30, 165
FKBP	166
FK結合タンパク	166
FPP	66

【G】

Gibberella fujikuroi	107

【F】

HMBDP	55
HMG CoA シンターゼ	49
HMG CoA レダクターゼ	49
HTS	6

【I】

IL-2	165
in vitro 法（試験管内試験法）	6
in vivo 法（生体内試験法）	6
IPP	47, 49
IPP イソメラーゼ	55

【J】

JH	124
JH I	125
JH II	125
JH III	125

【K】

KR	37
KS	31

【M】

MECDP	55
MEP	53
MEP 経路	49
MH	121
ML-236 B	162
MRSA	142

【N】

NCS Chr	154
NTG	19

【P】

PABA	77, 79
Penicillium chrysogenum	141
Penicillium notatum	141
PKS	31
PTTH	119
p-アミノ安息香酸	77, 79

【S】

SEK34	35, 36
SEK4	35, 36
Staphylococcus	57

【T】

TE	38
tipA プロモーター	2

【U】

[U-^{13}C$_6$] グルコース	52
UDP-グルコース	83

【W】

WF11899 A	150

―― 著者略歴 ――

1963 年	東京大学農学部農芸化学科卒業
1968 年	東京大学農学部大学院博士課程修了（農芸化学専攻）
	農学博士
1968 年	米国スタンフォード研究所研究員
～70 年	
1970 年	東京大学助手
1981 年	東京大学助教授
1987 年	東京大学教授
2000 年	東京大学名誉教授
2000 年	東京農業大学教授
2010 年	東京農業大学退職
2012 年	逝去

天 然 物 化 学
Natural Products Chemistry　　　　　　　　　　　© Haruo Seto 2006

2006 年 4 月 25 日　初版第 1 刷発行
2017 年 1 月 10 日　初版第 6 刷発行

　　　　　　　　　　著　者　　瀬　戸　治　男
　　　検印省略　　　発 行 者　　株式会社　コロナ社
　　　　　　　　　　　　　　　代 表 者　　牛来真也
　　　　　　　　　　印 刷 所　　新日本印刷株式会社
　　　　　　　　　　製 本 所　　牧製本印刷株式会社

112-0011　東京都文京区千石 4-46-10
発行所　株式会社　コロナ社
CORONA PUBLISHING CO., LTD.
Tokyo Japan
振替 00140-8-14844・電話(03)3941-3131(代)
ホームページ　http://www.coronasha.co.jp

ISBN 978-4-339-06717-0　C3345　Printed in Japan　　　　　　　　　（金）

<JCOPY> <出版者著作権管理機構　委託出版物>
本書の無断複製は著作権法上での例外を除き禁じられています．複製される場合は，そのつど事前に，出版者著作権管理機構（電話 03-5513-6969，FAX 03-5513-6979，e-mail: info@jcopy.or.jp）の許諾を得てください．

本書のコピー，スキャン，デジタル化等の無断複製・転載は著作権法上での例外を除き禁じられています．購入者以外の第三者による本書の電子データ化及び電子書籍化は，いかなる場合も認めていません．
落丁・乱丁はお取替えいたします．

生物工学ハンドブック

日本生物工学会 編
B5判／866頁／本体28,000円／上製・箱入り

- **編集委員長** 塩谷 捨明
- **編集委員** 五十嵐泰夫・加藤 滋雄・小林 達彦・佐藤 和夫
  （五十音順） 澤田 秀和・清水 和幸・関 達治・田谷 正仁
  土戸 哲明・長棟 輝行・原島 俊・福井 希一

> 21世紀のバイオテクノロジーは，地球環境，食糧，エネルギーなど人類生存のための問題を解決し，持続発展可能な循環型社会を築き上げていくキーテクノロジーである。本ハンドブックでは，バイオテクノロジーに携わる学生から実務者までが，幅広い知識を得られるよう，豊富な図と最新のデータを用いてわかりやすく解説した。

主要目次

- **I編：生物工学の基盤技術** 生物資源・分類・保存／育種技術／プロテインエンジニアリング／機器分析法・計測技術／バイオ情報技術／発酵生産・代謝制御／培養工学／分離精製技術／殺菌・保存技術
- **II編：生物工学技術の実際** 醸造製品／食品／薬品・化学品／環境にかかわる生物工学／生産管理技術

本書の特長

- ◆ 学会創立時からの，醸造学・発酵学を基礎とした醸造製品生産工学大系はもちろん，微生物から動植物の対象生物，醸造飲料・食品から医薬品・生体医用材料などの対象製品，遺伝学から生物化学工学などの各方法論に関する幅広い展開と広大な対象分野を網羅した。
- ◆ 生物工学のいずれかの分野を専門とする学生から実務者までが，生物工学の別の分野（非専門分野）の知識を修得できる実用書となっている。
- ◆ 基本事項を明確に記述することにより，長年の使用に耐えられるようにし，各々の研究室等における必携の書とした。
- ◆ 第一線で活躍している約240名の著者が，それぞれの分野の研究・開発内容を豊富な図や重要かつ最新のデータにより正確な理解ができるよう解説した。

定価は本体価格+税です。
定価は変更されることがありますのでご了承下さい。

図書目録進呈◆

新コロナシリーズ

(各巻B6判，欠番は品切です)

No.	書名	著者	頁	本体
2.	ギャンブルの数学	木下 栄蔵 著	174	1165円
3.	音 戯 話	山下 充康 著	122	1000円
4.	ケーブルの中の雷	速水 敏幸 著	180	1165円
5.	自然の中の電気と磁気	高木 相 著	172	1165円
6.	おもしろセンサ	國岡 昭夫 著	116	1000円
7.	コ ロ ナ 現 象	室岡 義廣 著	180	1165円
8.	コンピュータ犯罪のからくり	菅野 文友 著	144	1165円
9.	雷 の 科 学	饗庭 貢 著	168	1200円
10.	切手で見るテレコミュニケーション史	山田 康二 著	166	1165円
11.	エントロピーの科学	細野 敏夫 著	188	1200円
12.	計測の進歩とハイテク	高田 誠二 著	162	1165円
13.	電波で巡る国ぐに	久保田 博南 著	134	1000円
14.	膜 と は 何 か ―いろいろな膜のはたらき―	大矢 晴彦 著	140	1000円
15.	安 全 の 目 盛	平野 敏右 編	140	1165円
16.	やわらかな機械	木下 源一郎 著	186	1165円
17.	切手で見る輸血と献血	河瀬 正晴 著	170	1165円
19.	温 度 と は 何 か ―測定の基準と問題点―	櫻井 弘久 著	128	1000円
20.	世 界 を 聴 こ う ―短波放送の楽しみ方―	赤林 隆仁 著	128	1000円
21.	宇宙からの交響楽 ―超高層プラズマ波動―	早川 正士 著	174	1165円
22.	やさしく語る放射線	菅野・関 共著	140	1165円
23.	おもしろ力学 ―ビー玉遊びから地球脱出まで―	橋本 英文 著	164	1200円
24.	絵に秘める暗号の科学	松井 甲子雄 著	138	1165円
25.	脳 波 と 夢	石山 陽事 著	148	1165円
26.	情報化社会と映像	樋渡 涓二 著	152	1165円
27.	ヒューマンインタフェースと画像処理	鳥脇 純一郎 著	180	1165円
28.	叩いて超音波で見る ―非線形効果を利用した計測―	佐藤 拓宋 著	110	1000円
29.	香りをたずねて	廣瀬 清一 著	158	1200円
30.	新しい植物をつくる ―植物バイオテクノロジーの世界―	山川 祥秀 著	152	1165円
31.	磁 石 の 世 界	加藤 哲男 著	164	1200円
32.	体 を 測 る	木村 雄治 著	134	1165円
33.	洗剤と洗浄の科学	中西 茂子 著	208	1400円

			頁	本体
34.	電気の不思議 ―エレクトロニクスへの招待―	仙石正和編著	178	1200円
35.	試作への挑戦	石田正明著	142	1165円
36.	地球環境科学 ―滅びゆくわれらの母体―	今木清康著	186	1165円
37.	ニューエイジサイエンス入門 ―テレパシー,透視,予知などの超自然現象へのアプローチ―	窪田啓次郎著	152	1165円
38.	科学技術の発展と人のこころ	中村孔治著	172	1165円
39.	体を治す	木村雄治著	158	1200円
40.	夢を追う技術者・技術士	CEネットワーク編	170	1200円
41.	冬季雷の科学	道本光一郎著	130	1000円
42.	ほんとに動くおもちゃの工作	加藤孜著	156	1200円
43.	磁石と生き物 ―からだを磁石で診断・治療する―	保坂栄弘著	160	1200円
44.	音の生態学 ―音と人間のかかわり―	岩宮眞一郎著	156	1200円
45.	リサイクル社会とシンプルライフ	阿部絢子著	160	1200円
46.	廃棄物とのつきあい方	鹿園直建著	156	1200円
47.	電波の宇宙	前田耕一郎著	160	1200円
48.	住まいと環境の照明デザイン	饗庭貢著	174	1200円
49.	ネコと遺伝学	仁川純一著	140	1200円
50.	心を癒す園芸療法	日本園芸療法士協会編	170	1200円
51.	温泉学入門 ―温泉への誘い―	日本温泉科学会編	144	1200円
52.	摩擦への挑戦 ―新幹線からハードディスクまで―	日本トライボロジー学会編	176	1200円
53.	気象予報入門	道本光一郎著	118	1000円
54.	続 もの作り不思議百科 ―ミリ,マイクロ,ナノの世界―	JSTP編	160	1200円
55.	人のことば,機械のことば ―プロトコルとインタフェース―	石山文彦著	118	1000円
56.	磁石のふしぎ	茂吉・早川共著	112	1000円
57.	摩擦との闘い ―家電の中の厳しき世界―	日本トライボロジー学会編	136	1200円
58.	製品開発の心と技 ―設計者をめざす若者へ―	安達瑛二著	176	1200円
59.	先端医療を支える工学 ―生体医工学への誘い―	日本生体医工学会編	168	1200円
60.	ハイテクと仮想の世界を生きぬくために	齋藤正男著	144	1200円
61.	未来を拓く宇宙展開構造物 ―伸ばす,広げる,膨らませる―	角田博明著	176	1200円
62.	科学技術の発展とエネルギーの利用	新宮原正三著	154	1200円

定価は本体価格+税です。
定価は変更されることがありますのでご了承下さい。

図書目録進呈◆

コロナ社創立80周年記念出版
〔創立1927年〕

内容見本進呈

再生医療の基礎シリーズ
―生医学と工学の接点―

(各巻B5判)

■編集幹事　赤池敏宏・浅島　誠
■編集委員　関口清俊・田畑泰彦・仲野　徹

> 再生医療という前人未踏の学際領域を発展させるためには，いろいろな学問の体系的交流が必要である。こうした背景から，本シリーズは生医学（生物学・医学）と工学の接点を追求し，生医学側から工学側へ語りかけ，そして工学側から生医学側への語りかけを行うことが再生医療の堅実なる発展に寄付すると考え，コロナ社創立80周年記念出版として企画された。

シリーズ構成

配本順		編著者	頁	本体
1.（2回）	再生医療のための **発生生物学**	浅島　誠編著	280	4300円
2.（4回）	再生医療のための **細胞生物学**	関口清俊編著	228	3600円
3.（1回）	再生医療のための **分子生物学**	仲野　徹編	270	4000円
4.（5回）	再生医療のための **バイオエンジニアリング**	赤池敏宏編著	244	3900円
5.（3回）	再生医療のための **バイオマテリアル**	田畑泰彦編著	272	4200円

定価は本体価格+税です。
定価は変更されることがありますのでご了承下さい。

図書目録進呈◆

ヒューマンサイエンスシリーズ

（各巻B6判，欠番は品切です）

■監　　修　早稲田大学人間総合研究センター

			頁	本体
1.	性を司る脳とホルモン	山内 兄人／新井 康允 編著	228	1700円
2.	定年のライフスタイル	浜口 晴彦／嵯峨座 晴夫 編著	218	1700円
3.	変容する人生 ―ライフコースにおける出会いと別れ―	大久保 孝治 編著	190	1500円
5.	ニューロシグナリングから知識工学への展開	吉岡 亨／市川 一寿／堀江 秀典 編著	164	1400円
6.	エイジングと公共性	渋谷 望／空閑 厚樹 編著	230	1800円
7.	エイジングと日常生活	高木 知和／田戸 功 編著	184	1500円
8.	女と男の人間科学	山内 兄人 編著	222	1700円
9.	人工臓器で幸せですか？	梅津 光生 編著	158	1500円
10.	現代に生きる養生学 ―その歴史・方法・実践の手引き―	石井 康智 編著	224	1800円
11.	いのちのバイオエシックス ―環境・こども・生死の決断―	木村 利人／掛江 直子／河原 直人 編著	224	1900円

定価は本体価格＋税です。
定価は変更されることがありますのでご了承下さい。

図書目録進呈◆